ゼロから学ぶ土木の基本

景観とデザイン

内山久雄 [監修] ＋ 佐々木 葉 [著]

Civil Engineering

Ohmsha

本書を発行するにあたって，内容に誤りのないようできる限りの注意を払いましたが，本書の内容を適用した結果生じたこと，また，適用できなかった結果について，著者，出版社とも一切の責任を負いませんのでご了承ください．

シリーズ監修のことば

トラスの接点とヒンジの違い

　土木工学は社会資本の整備に関する総合的な科学技術体系である．その対象は，力学や水理学のように物理学の一部である純粋に自然科学的で理論的な分野から，防災や地域計画のように社会科学的で応用的な分野に至るまできわめて多岐にわたっている．さらに，構造物のデザインや景観設計のように芸術的でかつ感性的な分野や，近年の地球温暖化防止や生物多様性社会の構築のような環境的でかつ生態的な分野までもが対象となっている．

　このような土木工学を「ゼロから学ぶ」数冊の「土木の基本」の書籍としてまとめようと試みたのが本シリーズである．しかしながら，非常に広汎な分野を包含し，しかも大変長い歴史を持ち，人類の文明とともに発展してきた土木工学全体を本シリーズだけで著すことが大変難しい仕事であることはご理解頂けるであろう．本シリーズではその中でも基幹的であり最重要である学科目を選び出しているが，それは監修者である小生の見識においてである．

　本シリーズの特徴はイラストを多用した図解を試みている点であり，抽象的で難解な内容も理解しやすいように工夫したところである．数式も高校の理科系の数学程度の知識があれば理解できるように配慮し，まさに「ゼロから学ぶ」のにふさわしい異色のシリーズとして仕上げたつもりである．執筆者一同がこの意をくんで可能な限りわかりやすく記述するとともに，たくさんの説明図をわかりやすく作図されたからである．その苦心と努力に対して改めて敬意を表する．

　本シリーズ全体としては，土木学会が認定する2級土木技術者の水準を念頭に置くとともに，学ぶべきポイントを整理し提示しつつ著している．また，その各々の書に上述のような特別な工夫と配慮がなされ，土木工学を理解する上で役立つものと信じている．高専や大学で土木工学を学習している学生諸君に対し，また独学で土木工学を勉強されようとしている技術者に対して最適な教科書兼参考書としてお勧めする次第である．

2013 年 1 月

内山　久雄

● 序　文

柴田久（東工大卒）
福岡大.

ヤングール（銀座時の店ごろ）

「景観とデザインは土木のすべての仕事に関わる必修教養科目といえる．感性や主観と決めつけず，景観とデザインを論理的に考える基礎を学ぼう．」

　カバーのタイトルの下に記したメッセージである．土木のどのような仕事の結果も姿形をもち，景観に影響を与える．しかし残念ながら土木系の学科で，景観やデザインを基礎科目や必修科目と位置づけているところは少なく，教科書もほとんどない．やはり土木のなかではマイナーな分野である．

　とはいえ，すでに土木の景観研究は半世紀の積み重ねを有し，また社会の関心も高い．単に美しい眺めや構造物をつくるというだけでなく，現代では，地域社会の再生やそこで暮らす人々の心の豊かさを育むことが，土木の仕事に求められている．景観とデザインへの興味と基礎知識は，こうした要望に応える力となる．また特に若い学生の皆さんには，景観と向き合うことで，環境や社会，そして人について深く考えることを期待したい．

　本書は9章から構成される．第1章で土木における景観の議論のルーツをたどり，土木が景観に対してとるスタンスを確認する．第2章で景観を工学的に捉えるための基礎概念を示し，続く第3章から第5章において，景観に対する三つのアプローチを順に考えていく．ここまでで土木における景観論の柱を学ぶことができる．つまり，ゼロからはじめて「土木の景観とはこんなことをやっているのか」という理解がひとまずできるだろう．

　第6章で学術的に景観評価を行う手法を学び，第7章から景観の形成とインフラのデザインの実践につなげるための基礎知識，考え方に入っていく．前半の第6章までを理論（基本）編とすれば，第7章以降は実践（応用）編といえるが，マニュアルではない．なぜ景観形成を行うのか，そもそも景観形成とは何か．インフラのデザインはどのような観点から何を手がかりに考えていけばよいのか．つまり土木が関わる景観やデザインの課題に向き合い，答えを模索するときのヒントやガイドを示している．

　このような構成であるため，基本的には第1章から順に読み進めることをお勧めするが，後半の気になるところから目を通して，次にその考え方の基礎を確認してもよい．また写真で紹介した事例や章ごとに付した参考文献から，景観と

デザインに対する興味と関心を広げていただきたい．

　筆者は，土木の景観研究の第一人者である中村良夫先生の『風景学入門』に大学4年時に出会い，中村研究室のドアを叩いた．そのときから31年を経てこの本をまとめたことになる．内容のほとんどは先輩方の成果に基づくものであるが，日々感じる時代と社会の変化を意識して，現在の学生および若い実務者の皆さんへの期待を込めて書き進めた．景観とデザインという「答えが一つではない」分野を学ぶことが，土木というきわめて総合的な判断を常に求められる仕事の基礎体力の養成につながれば幸いである．もちろん，景観とデザインを専門とする仲間が一人でも増えれば，これに勝る喜びはない．

　末尾ながら，本書を成すに際して，写真・図版掲載へのご協力をいただいた多くの方々に，記して感謝の意を表したい．

2015年2月

佐々木　葉

●目　　　　次

第 1 章

どうして土木で景観なのか

景観に関わる学問分野は多い．文系から理系までさまざまである．地理学，植物学，生態学，民俗学，人類学，心理学，造園学，建築学．そして，土木．なぜ土木において景観研究が必要とされたのだろうか．そのきっかけは何か．日本の土木分野における景観研究の誕生をまず振り返っておこう．

1.1節 　景観工学の誕生

Point!
①土木の景観研究は，高速道路という 20 世紀のインフラの誕生とともに始まった．
②安全で快適な走行を実現するため，高速道路の見え方と国土の造形を操作する技術が求められた．

　土木における景観研究は，道路から始まった．高速道路を設計するために，安全で快適な運転のために道路がどのように見えるかを正確に把握する必要があったためである．景観に対する工学的なアプローチの始まりをたどる．

●高速道路と景観

　人類が共同で生活を営み，社会を形成すると同時に，土木構造物の構築は始まったといえる．なかでも道は人類最古のインフラストラクチュアといわれている．何千年にもおよぶ土木の歴史のなかで，道や橋がどのように見えるかは，常に考えられていたであろう．現代のように測量や設計の技術が進む以前は，地形や周囲の状況を見ながら「このあたりにこんな風につくっていこう」と現場の観察に基づいて計画と施工は行われていたはずである．しかしその行為は，道路や橋が「どう見えるか」自体が重要な課題ではなかった．

　しかし 20 世紀の半ばに登場した，高速道路というインフラの建設には，道路自体が「どう見えるか」が，性能の一部として重要な課題となった．高速で自動車を運転する一人ひとりが安全で快適に走行できるためには，道路の線形や周辺と一体となった行く先の見え方をあらかじめ考慮した計画と設計が必要となる．急に曲がっているように見えたり，圧迫感があるように見えることは，運転の大きなストレスとなり，事故にもつながる．そのため「見え方」をエンジニアリング的に直接扱う必要が生まれたのである．

●ドイツの高速道路ではじまった新しい国土の造形技術

　高速道路に関する技術は主にドイツで開発された．アウトバーンの建設は，軍事目的という背景もあったが，国土が必要とする新しいインフラとして，土木，建築，造園の技術者が連携して取り組んだ．橋梁の設計や舗装の工事といった個別の要素技術ではなく，視覚，走行心理学，植生，景観保全，野生動物保護，騒

音防止などが新しい課題として研究された．つまりドライバーにとっての見え方の問題にとどまらず，大規模で広域に存在する新しいインフラが，従前の環境と景観を大きく改変していくことに対するエンジニアの倫理的な課題が強く意識されたのである．それは，アウトバーンの計画の指揮をとった，フリッツ・トットの以下の言葉に表れている．

> 「風景と土地とは，人の生活と文化の基礎であり，人を養育し文化をはぐくむ故郷である．技術者は，社会の基盤を築くものであるという認識を持つならば，風景と土地が保存されるように仕事をし，かつ，ここから新しい文化価値が生まれるように構造物を設計し，創造する義務を有している．」

以上のような背景のものとで，主に道路や地形の透視形態の予測と地形改変後の植生回復のための技術が開発されていった．たとえば，クロソイド曲線を用いた平面線形などの道路の幾何学，いまではコンピュータで簡単に描けるが，当時は計算に基づく製図や模型を用いなければならなかった三次元の透視形態の予測（図 1.1），水や土壌の環境を考えた緑地の形成，環境のなかでの人々の行動の予測と心理的評価などである．それらはすなわち，道路景観の計画・設計・施工の技術であり，それを通した新しい国土の造形技術であった（図 1.2）．

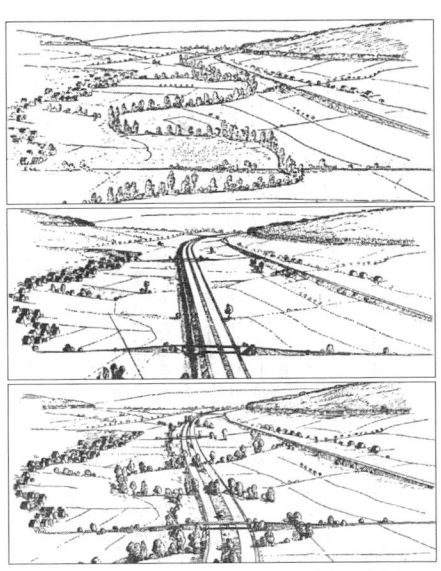

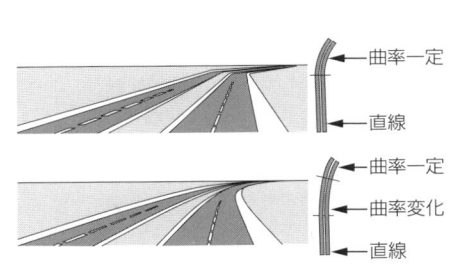

図 1.1　道路の透視形態の検討

曲率一定
直線
曲率一定
曲率変化
直線

図 1.2　ランドスケープへの道路の挿入の仕方

●環境の操作と大地の眺めの秩序

　20 世紀後半は道路以外にも大規模な開発が世界的に進んだ．コンクリートや鋼という材料と建設機械，そしてコンピュータを使うことで，大地のあり方自体を変えることができるようになったためである．それは文字通り，人間の力で環境を大規模に操作することである．その結果，従前とは明らかに異なる眺めが誕生する．人工的につくられた新たな環境が，人々の生活や行動の舞台としてどのように知覚され，受け入れられていくのか．伝統的な環境にはない新しい秩序をそこに描き出すことができるのか．土木の分野の景観研究は，この課題に答えるためにスタートした．

　そして，20 世紀に本格化した近代の開発の考え方は，大きく方向転換しつつある．人々の環境への意識や，望ましいと考える生活のあり方も変化し，多様化していて，皆が同じ方向を向いているわけではない．とはいえ，「自然を人間の力でねじ伏せるような開発は持続的でない」という考え方が 21 世紀の共通認識である．

　人間が環境を操作した結果がどのように知覚されるかを考えて，それを大地の一部としてまとめあげていこうとしたのが土木の景観研究である．したがってその取組みは，環境の眺めの秩序を考えるものであり，単に個別の構造物を美しく見せるための研究ではない．こうした位置づけと特色をふまえて景観について学んでいこう．

1.2節　ルーツと展開

Point!

① 名神高速道路の設計指導を行ったドイツ人技術者によって，日本の高速道路の景観計画・設計が始まった．
② 1960〜70年代に土木の景観工学の研究が始まり，80年代には景観設計という考え方が広まった．

　本節では，日本の土木の分野で景観研究がどのように始まり，展開してきたかをみていこう．

名神高速道路の設計

　日本で最初につくられた高速道路は，**名神高速道路**である．1963（昭和38）年に滋賀県の栗東と兵庫県の尼崎区間約70kmが開通した．この道路の建設には，ドイツ人技術者クサヘル・ドルシュ（Franz Xaver Dorsh：1899–1986）が技術指導にあたり，ドイツでの高速道路建設の考え方と技術が具体的なプロジェクトを通じて日本にもたらされた．そもそも外国人技術者の指導を必要としたのは，名神高速道路の建設費用を世界銀行から借入したためである．当時の日本は貧しく，世界の援助と指導のもとでインフラをつくらねばならなかった．ドルシュは名神高速道路と**東名高速道路**の設計の指導を行った．そこでは，道路の見

図1.3　開通当時の名神高速道路

えの形の滑らかさと美しさを追求し，日本側で考えていた設計には入っていなかったクロソイド曲線の使用，橋梁を道路の一部としてカーブさせることなどを指導した．また，修景設計と呼ぶ法面やインターチェンジなどの設計も行われた．ドイツに比べて地形の変化に富む日本の景観の美しさにドルシュは注目し，それと道路を調和させることの大切さについても強く説いた（図 1.3）．

このように，まず具体的な設計の指導を通して，滑らかで美しく運転しやすい道路という考え方，そのための設計，施工技術が日本にもたらされた．国土の開発には，「美しさ」が内包されていなければならないことを当時の日本人技術者は強く認識させられた．

●最初の景観研究

土木分野における最初の景観研究は，中村良夫（1938-）による卒業論文「土木構造物の工業意匠的考察」（1963）とされる．奇しくも名神高速道路開通と同じ年である．この論文をベースに，土木構造物はどのように人々に認識されるのかを記号論の考え方を導入してまとめられた『土木空間の造形』が土木分野の景観の初の著作として 1967（昭和 42）年に発刊される．しかしここには，工学的な，つまり数式を用いた定量的景観分析は含まれていない．むしろ，「そもそも土木のつくる景観とは何か」という哲学的な問いが語られている．

中村良夫は，東京大学の土木工学科を卒業後，道路公団で高速道路の設計に携わり，ドルシュの残した考え方に基づいたインフラが変えていく国土をみつめていた．その不安と期待が景観研究の出発点にある．

●第一世代の研究者たち

1960 年代に実務の現場と一部の研究者によって始まった土木の景観研究は，関連する海外の文献や，建築分野で当時展開していたアーバンデザインの議論などを参照しながら手探りで進んだ．中心の一つはやはり道路の景観であり，アイマークレコーダーを使った注視点分析や，いまから見るとおもちゃのようなコンピュータで透視図を描き，景観を予測することなどが行われていた．

1970 年代に入ると自由な発想から，伝統的な景観と地形の関係，文献にみられる日本の景観の特質，計量心理学的な手法を用いた景観評価など，独自の景観研究が展開していった．およそこの時期に中村良夫，樋口忠彦（1944-），篠原修（1945-）といった人々によって，日本の土木における景観工学の研究の柱が誕生してきたのである（図 1.4）．

(a) 中村良夫「風景学入門」(1982)
(b) 樋口忠彦「日本の景観－ふるさとの原型」(1981)
(c) 篠原修「土木デザイン論」(2003)

図 1.4　第一世代の研究者の代表的著作

　彼らによって本書の第 2 章～第 5 章を中心とした，操作的に景観を扱うための基本的枠組みや知見が確立された．その成果は，土木工学分野の各論をシリーズとしたなかの一巻に『土木工学大系 13 景観論』(1977)，『新体系土木工学 59 土木景観計画』(1982) にまとめられている．また土木工学分野において景観をテーマとした最初の研究室が 1976（昭和 51）年に東京工業大学に中村良夫が助教授となって誕生した．

● 研究と実践

　1980 年代に入ると，景観に対する社会の関心が高まってくる．横浜市や神戸市などの自治体が都市空間の快適性と洗練を目指した街路や広場整備を推進し，市民の高い評価を得る．それに伴い，街路や水辺などを景観に配慮して設計する「**景観設計**」が注目された．土木が担当するインフラ整備において，景観への配慮が求められたわけだが，土木の分野ではそれに答える教育や研究蓄積がそれまで行われていなかったために，大急ぎで**ガイドライン**となる資料の編纂が行われた．

　橋については，『美しい橋のデザインマニュアル』が一足早く 1982（昭和 57）年に出されていた．続いて土木学会編の通称**景観設計三部作**と呼ばれる著作が，『街路の景観設計』(1985)，『水辺の景観設計』(1988)，『港の景観設計』(1991)，と順にまとめられた（図 1.5）．こうした社会の流れも受けて，景観研究に取り組む人も増え，研究の対象や方法も広がっていった．

　土木学会では，景観分野の研究は，土木計画学の一つの部門に位置づけられている．しかし関連が深い土木史や構造デザイン，また他の学会としては都市計画

(a)「街路の景観設計」(1985)　　(b)「水辺の景観設計」(1988)　　(c)「港の景観設計」(1991)

図 1.5　土木分野でまとめられた景観設計のためのガイドライン(いずれも土木学会編)

学会, 建築学会, 造園学会とも接点がある. また土木学会のなかに 1996 (平成 8) 年に**景観・デザイン委員会**が設立されている.

　土木の分野における景観の位置づけは, 構造力学や水理学などに比べればはるかに新しいが, 景観を考えて計画設計をするということ自体は, はるか昔から行われていた. それは「古代ローマの水道橋」や, 明治時代につくられたトンネルや橋の美しさが語っている. しかし景観に着目し, 景観を深く考えなければならなくなったのは, 国土が大きく変貌していった高度成長期であったといえる. その時期に誕生した土木の景観研究のミッション, つまりインフラの計画設計を通して**美しく豊かな国土をつくる**ということは, 現代でも失われていない.

土木と景観を語る会

1.3節 景観工学以前の景観論

Point!

①明治時代には，日本の風景への関心が高まり，まとまった風景論が展開された．
②戦前から景観は，日常生活や観光などの多様な観点から議論されてきた．

1.2節で述べたように1960年代に土木の分野で景観工学が誕生するのだが，もちろんそれ以前にも，国土や地域の景観に関するさまざまな議論があった．土木の分野での景観論の位置づけを認識するためにも，代表的な景観論を紹介しておく．

●「日本風景論」

日本における最初のまとまった風景論の著作は，1894（明治27）年に発刊された志賀重昂（しがしげたか）（1863-1927）の『日本風景論』とされる．志賀は地理学を専門としているが，活動は多彩で，いわゆる研究者とはいいがたい人物だ．

『日本風景論』は日本の風景が優れている理由を，地形，気候などに求め，西洋的なエッチングと水墨画のトーンの絵図との両方を挿絵として使っている（図1.6）．目次をみると，「**日本には気候，海流の多変多様なること**」，「**水蒸気の多量なること**」，「**流水の浸食激烈なること**」といった**項目**が並んでいる．こうした**地理的，自然科学的な根拠**から日本の風景の特質と魅力を示し，あわせてそれが文化的にどのように表現されてきたかを示している．日本の風景の素晴らしさを讃えたこの本は一般読者にも広く読まれ，ベストセラーになった．

その理由として，出版されたのが日清戦争時であり，明治維新以降欧米諸国に対して遅れているという認識から，「戦争の勝利による自国へのプライドや自信回復へとつながったため」とされている．地域や国の**アイデンティティと風景は強く結びついている**．そのため，ナショナリズムの世論が自国の風景の美しさを讃えるメディアを歓迎したことは容易

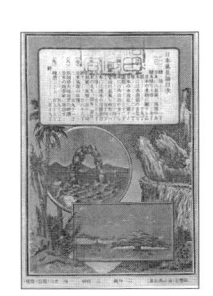

(a) 表紙 　　　　(b) 目次

図1.6 志賀重昂「日本風景論」（1894）

に想像される．

　しかし『日本風景論』をそうした社会的背景との結びつきからだけでなく，**風景の特質把握の方法**としても参照する必要がある．つまり，地形や地質，気候といった「物理的な環境の状態」とあわせてそれを「人がどのように認識してきたか」という二つの面から捉えるという点である．

● 柳田国男と南方熊楠

　『日本風景論』に取り上げられるのは，やはり目を引く特徴的な眺め，つまり名山と呼ばれる山，松島のような**海岸景観**，**瀧**や**渓谷**などである．こうした記憶に残りやすい眺めではなく，日常のさりげない眺めのなかに，人々の暮らしや生き方を読み取ろうとする姿勢ももう一方ではあった．日本を代表する民俗学者の柳田国男（1875-1962）と博物学者の南方熊楠（1867-1941）である．

　柳田国男は 1930（昭和 5）年に雑誌に寄稿した「豆の葉と太陽」という小論に，大豆畑の眺めを綴っている．大豆の葉が茂っている畑に風が吹くと，葉がめくれて裏の白っぽい面が波打つように見えてくる．緑が続く豆畑の境目に農夫が赤い百合を植えている．こうした生産の地の眺めに生じた色の美しさに対して「風景鑑賞家は無関心である」と柳田は述べている．

　また，南方熊楠は柳田と文通も交わしていたが，時代はやや先んずる人物で，独学で博物学，生物学，民俗学など多岐にわたる研究をしていた．南方は直接景観や風景をテーマにしているわけではないが，地域の人々の暮らしと環境に関心を寄せていた．明治 39 年に内閣が地域に点在する神社を一町村に一社となるようまとめる令を出したことに強い反発を示し，「神社合祀に関する意見」を 1907（明治 40）年に発表した．そこでは，神社が有する生態学やコミュニティの面からみた多くの機能と価値の重要性を訴え，「地域ごとの神社を保全するべきである」と主張している．つまり，**地域の日常的な環境とそれを支える地域住民の活動について注目していた**のである．

　柳田や南方のまなざしは，明快な特徴がある眺めではなく，**日常の生活環境やその眺め**に向けられていた．こうしたアプローチは，戦後は勝原文夫（1923-）の『農の美学』などに引き継がれていく．のちに**生活景**と呼ばれるような景観の考え方も戦前から存在していたのである．

● 観光と景観

　観光は 21 世紀の重要な産業であり，そのための景観整備も進んでいる．しか

し，戦前にも観光という立場から景観は考えられていた．

　1919（大正 8）年に制定された「史跡名勝天然紀念物保存法」では，名勝という景観が保全の対象とされていた．日本の景観として他に類のない優れた眺めとして名勝に選定されることは，地元地域にとっても名誉であるとともに観光名所として売り出すこともできる．そのため，熱心に選定を働きかける地域もみられた．

　また，法律のなかで最初に「景観」という語が使われたのは，1931（昭和 6）年に制定された「国立公園法」である．のちの「自然公園法」などに展開していくこの法律は，単に自然環境を保全するというよりも自然環境の素晴らしさを多くの人に体験してもらうための適切な保護と開発を意図したものであった．

　1930 年代には大正デモクラシーから戦時色が強くなるまでの元気で自由な時代の空気が日本に満ちていた．私鉄の開業も各地で進み，ツーリズムへの関心と誘致が進み，観光客を惹きつけるための名所づくり，施設開発，メディアによる広報が展開していた．「大正の広重」といわれた吉田初三郎（1884-1955）が膨大な鳥瞰図（図 1.7）をこの時代に描いているが，その背景にはこうした地域の眺めを宣伝するニーズがあった．

図 1.7　吉田初三郎の描いたパノラマ絵図（十和田湖鳥瞰図　昭和 8 年）

　戦争による中断はあったが，健全な市民のレクリエーションとしての観光，また観光を通した地域のバランスのとれた開発の必要性は，戦後にもひきつがれ，その文脈で景観の大切さに注目する思想が生まれた．鈴木忠義（1924-）がその代表者であり，先に述べた景観研究の第一世代の人たちを育て，**景観工学の生みの親**といわれている（図 1.8）．

図 1.8　鈴木忠義「人間に学ぶまちづくり」（2003）

　景観工学のルーツは開発による**国土の変貌への危機感**であった．しかし同時に，市民の楽しみや心の豊かさ，教養を育む観光という行動に着目し，その機会を適切に提供するための開発と保護をどのように行うべきかという問題意識が，景観研究の根源的な出発点にあった．

●建築分野における景観への関心

　最後に，景観工学誕生とほぼ同時期の建築分野における景観への関心をあげておこう．建築分野では基本的には，個々の建物の空間や技術，意匠に意識が向いている．明治時代以降は特に新しい技術と思想による近代建築の発展に関心が寄せられていた．そうしたトレンドのなかで，1970年代に**デザインサーベイ**という活動が全国的に展開した．民家や歴史的な町並みといった，いわゆる建築家によらない建物がもつ価値や魅力を，現地調査と実測で明らかにしようという活動である．背景には，高度成長期にこれらが急速に壊されていったこともある．

　また1979（昭和54）年には，建築家の芦原義信（1918-2003）が**街並み**という観点から都市の建築や広場について論じた『街並みの美学』を出版した（図1.9）．西洋と日本の都市を比較しながら，街並みや広場を理解するための指標や理論を織り込み，日本の都市のデザインを模索している（本書の第3章や第4章にはこの芦原の本で示された概念も含まれている）．

　西欧の都市とまったく異なる構成原理でつくられてきた日本の都市の特徴を捉えようとしたのも建築家たちであった．1968（昭和43）年に出された『日本の都市空間』（図1.10）は，幾何学的な形では捉えづらい日本の都市の特徴を，都市の構成要素の関係性に着目してまとめた画期的な一冊であった．

　以上のように，土木の分野で景観工学が模索されていた時期は，建築分野でも景観への関心が高まっており，その活動や成果は土木の景観研究でも参照された．

図1.9　芦原義信「街並みの美学」（1979）

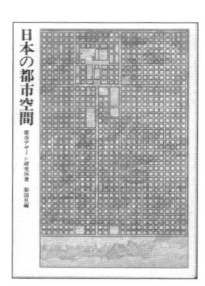

図1.10　都市デザイン研究体
「日本の都市空間」（1968）

●参考文献

・道路環境研究所 編，道路のデザイン—道路のデザイン指針（案）とその解説，大成出版社（2005）
・クリストファー・ターナード，ボリス・プシュカレフ 共著，鈴木忠義 訳編，国土と都市の造形，鹿島出版会（1966）
・ハンス・ローレンツ 著，中村英夫・中村良夫 共訳，道路の線形と環境設計，鹿島出版会（1976）
・中村良夫 著，土木空間の造形，技報堂出版（1967）
・中村良夫 著，風景学入門，中公新書（1982）
・樋口忠彦 著，日本の景観—ふるさとの原型，春秋社（1981）
・土木工学大系編集委員会 編，中村良夫ほか 著，土木工学大系 13 景観論，彰国社（1977）
・土木学会 編，篠原修 著，新体系土木学 59 土木景観計画，技報堂出版（1982）
・土木学会 編，美しい橋のデザインマニュアル，土木学会（1982）
・土木学会 編，街路の景観設計，技報堂出版（1985）
・土木学会 編，水辺の景観設計，技報堂出版（1988）
・土木学会 編，港の景観設計，技報堂出版（1991）
・志賀重昂 著，日本風景論新装版（講談社学術文庫），講談社（2014）
・勝原文夫 著，農の美学，論創社（1979）
・別冊太陽編集部 編，吉田初三郎のパノラマ地図，平凡社（2002）
・鈴木忠義 編，人間に学ぶみちづくり，道路緑化保全協会（2005）
・芦原義信 著，街並みの美学，岩波書店（1979）
・都市デザイン研究体 著，日本の都市空間，彰国社（1968）

■さらに学びたい人のために
・篠原修 著，ピカソを超える者は—評伝鈴木忠義と景観工学の誕生，技報堂出版（2008）
・中村良夫 著，風景学・実践編，中公新書（2001）
・槙文彦ほか 著，見えがくれする都市，鹿島出版会（1980）

景観　(人)をとりまく　(環境の眺め)　　　　景感

現象　　主体　　　対象　　媒体
　　　　　　　　　　　　　　（視覚的）

good, correct

よいデザイン・計画のためには複数の考え方をする.

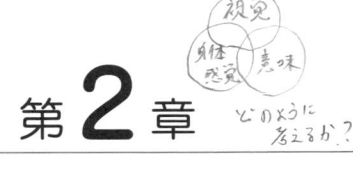
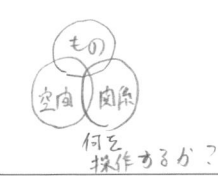

視覚
身体感覚　意味
どのように考えるか？

もの
空間　関係
何を操作するか？

第2章

景観を捉える

> 　そもそも景観とはなんだろう．景観をどのように定義し，捉え，表現するかは，景観に対する興味や目的によって異なる．景観をできるだけ客観的に議論しようとする土木工学での捉え方を学ぼう．

景観の記述
　視覚的

種類｜シーン景観　…　静視点
　　　シークエンス景観　…　視点の連続的移動
　　　場の景観　…　ある範囲のシーン.
　　　　　　　　　　シークエンスの
　　　　　　　　　　集合的記憶

乗り物の速さで変わる.

景観把握モデル

？
視対象
視点　　視点場

視対象自体は変えづらいので.
よい場所の視点場（位置）をつくったり

橋自体は主かんない.

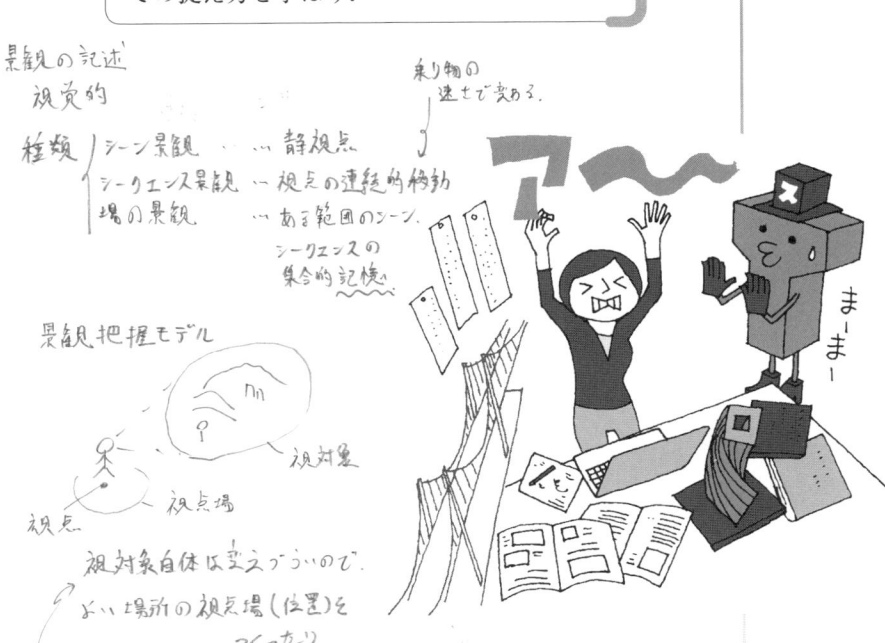

まーまー

アー〜

2.1節 景観とは

Point!
① 「景観」や「風景」などの言葉は，時代や目的によって使われ方が変化してきた．
② 土木の景観研究の第一人者である中村良夫は，「景観とは人をとりまく環境の眺め」と定義した．

風景，景観，景色，眺め，光景，シーン．日常的にどの言葉をよく使うだろうか．授業で学生諸君に聞いてみると，「風景」や「景色」はよく使うが「景観はあまり使わない」,「風景は美しいものに対して使う」といった声が聞こえてくる．言葉は時代や世代によって使われ方が変化する．ならばその変化が逆に社会の特徴や人々の意識を反映していると考えて，言葉の変化から意識の広がりをたどってみるのもおもしろい．それでは具体的に，景観や風景という言葉がどのように使われてきたのかをみてみよう．

●平安時代にさかのぼる「風景」と「けしき」

「風景」は日本語として，「景観」よりもずっと古く，平安時代には使われている．漢語として中国大陸から伝わった言葉だ．『万葉集』の歌に添えられた手紙のなかに，「春は楽しぶべく，暮春の風景を最も怜れぶべし（春は楽しむべきものであり，なかでも晩春三月の風景はまことにすばらしい）」(747（天平 19）年)と書かれている．私たちがいま使っている「風景」と同様な意味のようだ．

しかし，「風景」は漢語であり，この言葉を使う人はかなり限られていた．それに対して，「景色」という語のほうがより広く使われていた．漢字で「気色」，あるいはひらがなで「けしき」と表記される．

その意味は，いまとは少し違う．環境のみならず人の様子にもよく使い，眺めた感じからその状態を読み取ったものを指していた．「秋が来たらしい」，「あの人は何か不満に思っているらしい」など，そういった目に見えるものの背後にある情報に関心をよせながら眺めることを「けしき」という言葉で表している．

現代ではヴィジュアルや見た目を，姿形の美しさやかっこよさとしてだけ捉える傾向があるのではないだろうか．直接目に見えない状態や内面を，目に見える眺めから捉えることは，景観を学ぶ大切な意義の一つである．昔の言葉の用法ではこうした捉え方を含んでいた．

風景には文化が後れてる.

● 学術用語として明治期に誕生した「景観」

　一方，「景観」という言葉が誕生したのは明治時代半ば以降で，ドイツ語の「Landshaft」，英語の「landscape」の翻訳語としてつくられた．つくったのは植物生態学者の**三好学**（1862-1939）といわれている．

　地形や地質，気候によって**地上を覆う植物も異なり**，その特徴は「土地（land）の眺め（scape）」によって捉えられる．そのため，地理学や植物生態学においてこの言葉は重要であった．しかし「都市の眺め」や「構造物の姿形」などを景観と呼ぶようになるのはずっと後のことで，戦前には「**美観**」や「**風致**」という言葉が使われていた．関東大震災後の復興計画では隅田川の橋梁など「名橋」が多く誕生したが，当時は「橋梁美学」と呼ばれた議論が，盛んに行われていた．

　景観という言葉が土木の分野で使われるようになったのは，1960 年代も終わるころ，「**景観工学**」という新しい学問を立ち上げたときである．景観工学の誕生については第 1 章で述べたが，高速道路の建設をはじめとして大きく環境が変化していく高度経済成長期以降に，景観の議論が土木や建築で盛んになっていく．また 2004 年には「**景観法**」が制定され，まちなみや自然の眺めを考える言葉として，いまや広く一般的にも使われている．

　大切なのは，言葉は常に何かを考えたり，伝えるために生まれるということだ．言葉の指し示そうとすることをていねいに考えて，言葉を選び使い分ける．本書では日常的に使われる言葉で議論が進む．しかし，言葉にていねいに向き合い，景観やデザインに関するボキャブラリーを豊かにすることが，とても重要である．

● 景観とは人をとりまく環境の眺め

　では，改めて景観とは何か．中村良夫は，「**景観とは人をとりまく環境の眺めである**」と定義している．この短い定義は，景観の本質をよく表している．つまり，眺める主体である「人」と眺める対象である「環境」との，「眺め」という視覚的な媒体を通した「関係として現れる現象」であるということだ．環境が違えば景観も変わる．眺める人の立つ位置，価値観や興味が違っても景観は変化する．景観とはとてもダイナミックな「こと」であって，固定的にどこかにある「もの」ではない．研究分野によって定義は少しずつ異なるだろう．しかし，本書では中村のこの定義を基本として，その広がりと基礎的考え方を学んでいこう．

2.2節 景観把握モデル

Point!

① 土木における景観論は,「操作的景観論」としてスタートした.

② 景観は「景観把握モデル」によって,視点・視点場・視対象の関係として捉えられる.

　ここから土木の分野で蓄積されてきた景観を客観的に捉え,それをもとによい景観となるように環境を操作していくための基礎知識を具体的に解説していく.そのために「そもそも景観という現象をどのように記述するか」,つまり**景観把握モデル**とそれに基づいた景観の種類や指標を示していく.

● 操作的景観論

　土木における景観論は,「操作的景観論」としてスタートした.

　地理学における景観論は,その地域の気候風土や社会の様子を明らかにするために,景観を切り口にして考えるという景観論であり,対象地を理解するための景観論である.生態学における景観論も,対象地の生態系の特質を把握するために景観を分類や分析の指標としている.

　これらに対して,対象となる地域や環境に手を入れることで好ましい景観を作っていこうという立場に立ったものが,「操作的景観論」である.つまり,「景観」を構成する「要素」を操作することで景観を作っていくという景観論である.

　一方,人は古代から自分たちの理想や思想を庭園という空間に表現しようとしてきた.庭園の空間を操作することで,ある景観を作り出し,そこに美しさや理想を託してきた.これは操作的景観論に含まれるといえる.しかしどう操作すればどのような景観になるかという関係性は経験的に把握され,明確に工学的な分析がなされていたわけではない.土木の分野の景観工学は,操作的景観論として,その操作をできるだけ客観的に捉えようとしたのである.

● 視点・視点場・視対象

　景観は,人が環境を眺めることによって生まれる.つまり,人と環境の「関係」である.また,「環境」の眺めであって,何か単独のもの(たとえば建物だけ,橋だけ)の見た目ではなく,その周囲にあって視野に入ってくるものとの「関

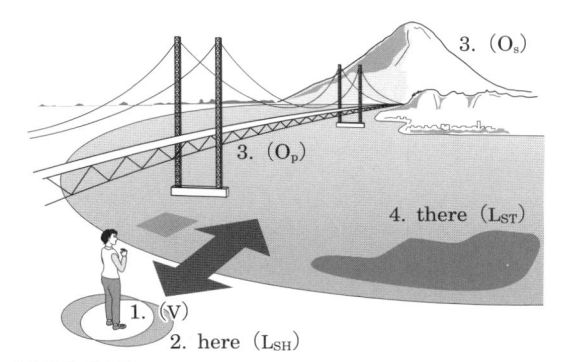

景観構成要素
1. 視　点 V　　　3. 視対象 O（主対象 O_p, 副対象 O_s）
2. 視点場 L_{SH}　　4. 対象場 L_{ST}

図 2.1　篠原による景観把握モデル

係」のなかでの見え方を指す．そのため，景観を考えるためにはこれらの「関係」
を把握しなければならない．

　そのために，篠原修が「**景観把握モデル**」という考え方を示した（図 2.1）．
なお，「モデル」には，式で表す数理モデルや手本となるモデル事業などいくつ
かの異なる使われ方がある．ここでのモデルは考え方の枠組みを示すもので，当
然のことながら図 2.1 のような山や橋だけでなく，景観一般を捉えるための考え
方である．これをもとに景観工学のさまざまな研究が進んでいった，土木の景観
の重要な基本となるモデルである．このモデルは，主に**視点・視点場・視対象**の
三つで構成される．

　・**視点**：環境を眺める人が立つ位置
　・**視点場**：視点に立つ人の周囲の空間・状況
　・**視対象**：視点から眺められる環境とその構成要素（視対象となるエリア全体
　　を対象場という）

　眺めは，「何をどこから見るか」で変化する．山は大地の起伏であり，それを
航空写真のように上空から眺めれば山のようには見えない．地上の低い視点から
眺めることで，立ち上がった山の形に見えるのであり，さらに見る位置を変えれ
ば山容は変化する．つまり，**視点と視対象の位置関係で「見えの形」が決まる**．

　さらに人が実際に眺める際には，視点の周辺の状況も眺めの印象に影響を与え
る．視点を包む建築物や樹木の枝などが額縁のように視野を区切っていれば，そ
れらがないときとは異なる眺めの構図になる．また視点の周囲が車通りが多く落

ち着かない場所なのか，ゆったりとくつろげるカフェなのかによって，同じ眺めでも印象は異なる．

　こうした，**視点，視点場，視対象**から**景観**（＝環境の眺め）**を分析的に捉える**ことで，景観を理論的に扱うことができる．

　ここからは，景観をどのように捉えるか，その考え方に基づく**景観の種類**を説明する．景観の種類というと，自然景観，都市景観，橋梁景観というように，「**何を眺めるか**」という視対象の種類によって区別する場合もあるが，以下に述べるのは，「**どう眺めるか**」による種類である．

● シーン景観・シークエンス景観

　視点が固定している場合を**シーン景観**，視点が連続的に移動している場合を**シークエンス景観**という（図 2.2）．

　厳密にいえば，人は同じ位置にじっとしていても視線は常に揺れ動いている．しかしある方向に向けられた視線が捉える眺めは，静止画としてその構図や印象が認識される．逆にいえば，わずかな視点の移動によるわずかな見えの形の違いがあっても，私たちはそれらを "同じ眺め" として理解する．そうでなければ，ほぼ無限の眺めを区別することになって，頭が混乱してしまうだろう．人間の視知覚のメカニズムはよくできているものだ．

　これに対して，連続的な視点の移動によって連続的に変化していく眺めの「**ひ**

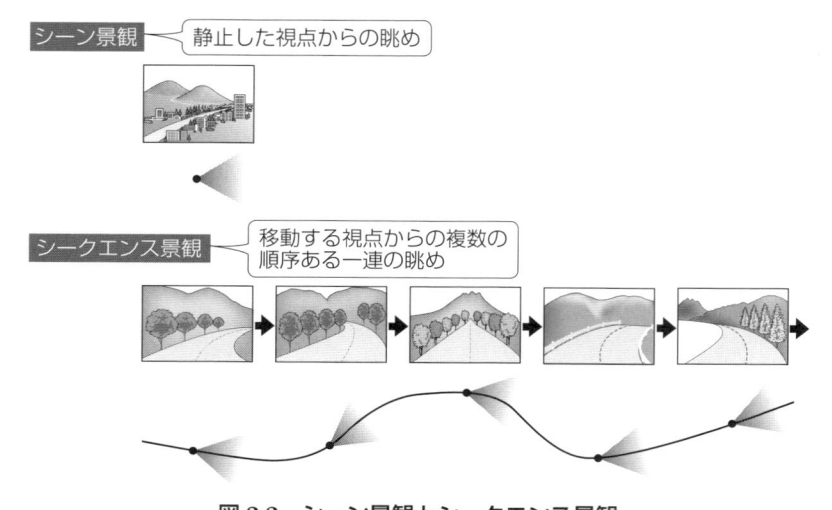

図 2.2　シーン景観とシークエンス景観

とつながりの印象」として記憶されるものを**シークエンス景観**という．歩いたり
車に乗ったりした場合，その眺めはすべて連続的に変化していくが，そのなかの
「ひとつながりの印象」に興味や関心をもって議論する場合に，それをシークエ
ンス景観と呼び，その変化の具合やリズムなどに注目するのである．

　たとえば門から建物までのアプローチ，神社の鳥居から本殿まで，曲がりくね
った道を抜けた後に急に開ける眺望などである．同じ視対象の眺めでも，それに
巡り会うまでのプロセスが異なれば印象は違ってくる．重要なのは，**景観体験は
「時間」をともなった概念である**ということだ．

*センター試験にあったなー
　　現国にもあった.*

●**場の景観**

　シーン景観，シークエンス景観と並ぶものとして「**場の景観**」がある．これは，
場，つまり「**ひとまとまりの領域**」として認識される範囲で得られる**眺めの集合**
をいう（図 2.3）．たとえばある駅の周辺を思い浮かべたとき，駅舎，駅前広場，
駅前のビル，駅に続く商店街の街並みなどといった複数のシーン景観，またはシ
ークエンス景観が目に浮かんでくるだろう．そういったイメージを形成する眺め
の集合を**場の景観**と呼ぶ．

　これはカメラや動画で直接的に記録することが難しい．あえていえば，たくさ
んの写真の集合によって伝えられるようなものだ．しかし，実際に私たちがある
まちや地域，場所の景観を考えようとすれば，そこを代表するシーン景観だけで
なく，**場の景観としても捉える必要がある**．

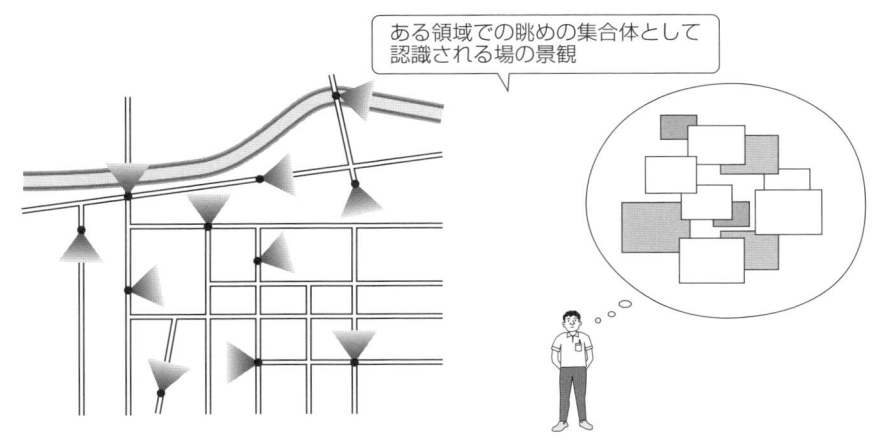

ある領域での眺めの集合体として
認識される場の景観

図 2.3　場の景観

● 変遷景観

　眺めるということは，時間をともなう行為なので，それを眺めている間も変化は起きる．同じシーン景観であっても，急に光が射してきたり，風が吹いて木の枝がそよげば，眺めは変化する．その変化が意識にのぼったとき，「あ，眺めが変わったな」と私たちは感じる．カメラを構えてシャッターチャンスを狙うような場合である．あるいは，海に夕日が沈んでいくその何分かを飽きることなくじっと眺めていたりするのは，その変化の様子が私たちの心に響くからである（図2.4）．「こうした短い時間での眺めの変化は，環境の現実感，リアルさを与えてくれて，大げさにいえば眺めている私がいま生きている感覚を保証してくれる．眺める行為を景観体験と呼ぶことがあるが，それは，たとえ一瞬であってもそういった生き生きとした感覚をともなうことがあるためである．」

　一方，まちの変化のような，**より長い時間のなかでの眺めの変化を考える**ことも重要である．樹木が成長して緑の豊かさが増してきたり，工事直後は白々としていたコンクリートブロックの護岸が時とともに適度に落ち着いた印象になったりする．

　こうした変化，あるいは変化を経てきた眺めは，「時間」がそこに蓄積されてきたことを教えてくれる．街並みについていえば，一軒，また一軒と建替えや改修が進むことで少しずつ変化したり，ときには再開発のように一挙に変化することもある．田

図2.4　特徴がない眺めでも夕暮れには味わいが生まれる

（a）江戸期

（b）昭和初期（1930年代）

（c）平成（2000年代）

図2.5　きわめて長期の変遷景観（日本橋と周辺の変化）

んぼであったところに突然ショッピングセンターが建つ場合もある．

　このようなまちや地域の**変化の履歴に注目する場合**，それを**変遷景観**と呼ぶことがある．どのような変遷景観であるかが，そこに流れた時間，ときには時代の様子を表し，さらにはその流れを引き起こした社会の様子を表す（図2.5）．

●内部景観・外部景観

　ある程度の大きさがある構造物や施設に対して，視点がそのなかにあるものを**内部景観**，外の視点からその施設を眺めたものを**外部景観**という（図2.6）．道路の計画やデザインにおいて使われることが多い．

　道路を走っている人が見るのが内部景観で，道路外からその道路の姿，つまり高架橋や法面，並木などを見るのが外部景観である．人々に利用される施設である土木構造物には，この両方からの検討が必要となる．

景観というところを考えながら．

切土部を過ぎた先には眺望が開け変化のある内部景観

地形改変を減らし，周囲にとけ込む外部景観

(a) 内部景観　　　　　　　　　　　　(b) 外部景観

図2.6　山すそを走る高速道路の内部景観と外部景観

●眺めを通して自分を考える

　以上のように，「どう眺めるか」による景観の種類をていねいに考えることは，視対象を眺めるという行為を通して，私たちは何を感じ，何を理解しようとしているのかを深く考えることにつながる．きれい，汚いと視対象の評価をあれこれいうだけでなく，眺めるという行為を通して私たち自身の存在と，私たちを取り巻く環境のしくみについて考えるのが，景観を考える意義なのである．

2.3節 三つのアプローチ

Point!

① 景観は「視覚的」,「身体感覚的」,「意味的」の三つの観点から考えていくことができる.
② 景観の計画や設計では,常に三つのアプローチから考えることが必要である.

　前節の景観の種類の紹介に続いて,「景観をどのような観点から考えていくか」について述べる.このことはさまざまな眺め方として立ち現れてくる景観を「どのようなアプローチで分析,評価していくのか」につながる.

　それには,**視覚的**,**身体感覚的**,**意味的**の「三つのアプローチ」を設定することができる.本書の主に第3章～第5章は,この三つのアプローチについての理論や事例を説明している.まず本節で,三つのアプローチについて説明し,第3章以降でそれぞれに関わる基礎理論や知見を紹介していく.

●視覚的アプローチ

　写真を撮るとき,あるいは絵を描くときに**構図**を気にするだろうか.画面の中に人や建物,遠くの山などが,ちょうどよく収まり,それぞれのバランスがよくなるように**視点**(立つ位置)や映そうとするもの(**視対象**)の並び具合を調整したりする.もしこれまで意識していなかったとしたら,これから意識してみよう.その感覚は,景観デザインにも通じていく.このように眺めのバランスを意識していくことが**視覚的なアプローチ**である.

　眺めの構図を考えるためには,人間の目がどれくらいの範囲を眺めることができるか,形はどのように認識されるか,目はどのようなものに引きつけられるか,安定して見えるのはどういうときかなどが関わってくる.あるいは伝統的によいと評価されてきた眺めに潜む特質を参考にすることもできる.)視覚的アプローチは,もっとも"景観らしい"議論ともいえる.

これを元から感じられる人が
センスがあると
言われるのかな…

●身体感覚的アプローチ

　身体感覚的アプローチは,自分の部屋の家具のレイアウトを考えることに似ている.狭くて工夫の余地がないかもしれないが,それでもベッドはどこに,机はどこに,棚はどこに…と考えるとき,どうしたら使いやすく落ち着けるかといっ

た感覚を頼りに考えるだろう．

　これは写真に撮ったときにかっこよく見えるというのは少し違う．このような考え方は，屋外の公共空間やインフラによってつくり出される**空間の計画・設計においても重要である**．

　圧迫感のない広場，落ち着いて腰かけられるベンチの配置，退屈しない散歩道などの身近な空間．さらには山懐に抱かれたような集落の立地，尾根の先端の見晴らしのよい場所といった地形スケールでの感覚．これらを考えながら，景観やデザインの議論を進めることが重要である．「これも景観なのだろうか」と思うかもしれないが，"これはハズせない"．なぜなら，土木が扱う「眺め」は，単なる絵としての眺めではなく，人々がそこで暮らし「活動する場」としての「環境の眺め」であるからだ．

　暮らしやすく，居心地よく，魅力的な活動が可能な場と環境を作ることをミッションとすると同時に，それが実現できている場と環境の眺めは，よい眺めの「手本」となる．実際に使いやすいと同時に，使いやすそうに見えること，その両方を考えていくのが，この**身体感覚的アプローチ**である．

　もう一つこの考え方が重要な理由は，「誰にとって使いやすいか，居心地がよいか」を考えることへと展開していくからである．つまり，元気な若者にとってだけでなく，子どもや高齢者，障がい者にとってはどうだろうか，さらには人間以外の生きものにとってはどうかを考えていけば，**バリアフリー**や**ユニバーサルデザイン**，**エコロジー**（生物多様性）といった，**インフラ**や**公共空間**の計画設計において重要な課題に展開していけるのである．

●意味的アプローチ

　意味的アプローチは「TPO」や「空気を読む」ことに似ている．TPOとは「Time・Place・Occasion」（時・場所・場合）である．たとえば，フォーマルできちんとした場なのか，くだけてカジュアルな場なのかを考えることである．こういったことは，人との付き合い方，社会の慣例や常識・文化に関わる問題で，これに配慮しないと「場違い」になったり，仲間から疎外されたりすることになる．

　「人間関係において空気を読みすぎ，単に形式だけを気にすることには問題があると思うが，」人間が独りきりで生きてゆけないのと同様に，景観という概念は対象物単独では成り立たない．「ものともの」，「ものと人」，「人と人」の関係によって生まれる意味に気を配っていくことが景観の議論でも重要である．

　また景観の議論において，「らしさ」が話題になることは多い．「このまちらし

さ」,「日本らしさ」といったアイデンティティに対する社会の関心は高い. これは景観の意味の代表的な論点であり,「伝統景観」や「歴史的景観」の重要性にもつながる. しかし, 景観をこの論点からだけ考えると問題を引き起こすことにもなる.

　たとえば, 駅前広場に作った地域のシンボルとなるモニュメントが, やがてみんなに忘れられたり, 時代遅れといって取り壊されたりすることがある. 意味の議論は, 時代や人によって評価が変わりやすいので, 先に述べた視覚的, 身体感覚的なアプローチと合わせて, 総合的に議論することが重要である. 人を一つの「キャラ」で語りきれないのと同様に, 景観も「らしさ」といったレッテルだけで捉えるのはよろしくない.

● 常に三つのアプローチから

　ここでは, 景観を考えるための三つのアプローチのイメージを紹介した. それぞれの具体的な内容や理論は, 第 3 章〜第 5 章でそれぞれ述べていく. 個別の議論に入る前に,「なぜ三つのアプローチなのか」を考えてみよう.

　「景観とは人をとりまく環境の眺め」である. 景観を考える真の目的は, 人をとりまく環境の眺めを「いいなぁ」としみじみできるようにすることである. あるいはそのような眺めを前にして「いいなぁ」としみじみできる“心を育む”ことである. そのためには, 写真に写し取れる眺めの美しさだけでなく, 日常の暮らしのなかで愛着を感じられる場所や, 時間のなかで受け継がれ, 磨かれた伝統の知恵が満ちた地域のデザインなど, 幅広い観点から景観の問題を考えていく必要がある.

　もっと具体的な場合, たとえば橋を設計する際にも三つのアプローチは必要である. **視覚的**には, 橋自体が「見えの形」として整っているか, 周辺の街並みや川と「構図的にバランスしているか」を考える. **身体感覚的**には「橋を渡る人の快適性」や橋の下や近くの「空間が居心地よくなっているか」を考える. **意味的**には, その橋の「上下流にかかる橋との関係性」や「架橋位置の歴史性」などを考える. これらを統合して初めてよい橋ができる.

　つまり, 三つのアプローチから構図 (視覚的), 空間 (身体感覚的), 関係 (意味的) といった対象とする環境の側面 (やや難しくいえば「様態」) をそれぞれ考えながら統合することで, 最終的にまとまりのある計画設計が可能となる.

　一面的な考えで決めてしまうとよい景観にはつながらない. 構造設計において, 荷重の設計, たわみの設計, 地震応答の設計など, 複数の観点からの検討が

必要なように，景観においても**複数の観点から常に考えていかなければならない**．その複数の観点を束ねたものが，この三つのアプローチである．

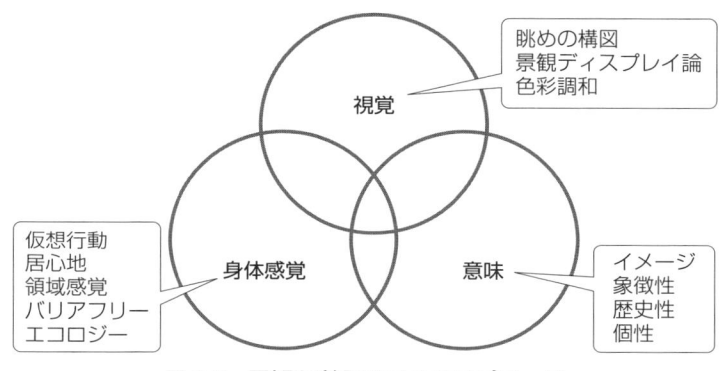

図 2.7　景観を考える三つのアプローチ

景観研究のモチベーション

A案とB案どっちがいいの？　on　評価構造の解明

"景観と風景"

　景観と風景という言葉の使い分けは，なかなか定まったものがない．それぞれの言葉の誕生と景観という言葉の定義については2.1節で述べた．また，本書では，基本的に景観という用語で通している．人によっては，景観には人間の概念が含まれていない，学術的で狭い意味，として捉えていることもある．しかし，眺める人という存在を常に起点にしているのが土木の景観論である．

　したがって，景観と風景の使い分けは，その言葉を使う議論自体の文脈や状況によるものと考えればよいであろう．たとえば，科学的に議論する場合は景観，市民も交えたまちづくりの場面などでは風景という具合である．

　なお，日本で現在使われている景観を英語に訳す場合，landscape とすると意味がずれてしまうことが多い．2004 年につくられた景観法の英訳は，「landscape act」とされている．しかし landscape は，緑地計画などの造園的な意味や，地理学的な大地の特質という意味で使われているため，特に土木分野で進んできた景観研究や景観デザインは，landscape に収まらない．たとえば，土木学会でつくられた景観デザイン研究についての論文集名の英語訳は，「Journal of Architecture of Infrastructure」であった．

●参考文献

・辻村太朗 著，景観地理学講話，地人書館（1937）
・篠原修 編，景観用語事典 増補改定版，彰国社（2007）
・土木学会 編，篠原修 著，新体系土木学 59 土木景観計画，技報堂出版（1982）
・オギュスタン・ベルク 著，篠田勝英 訳，日本の風景・西洋の景観，講談社（1990）
■さらに学びたい人のために
・オギュスタン・ベルク 著，篠原勝英 訳，風土の日本，筑摩書房（1988）
・オギュスタン・ベルク 著，木岡伸夫 訳，風景という知―近代のパラダイムを越えて，世界思想社（2011）
・岡田憲久 著，日本の庭ことはじめ，TOTO 出版（2008）
・中川理 著，風景学―風景と景観をめぐる歴史と現在，共立出版（2008）
・モニカ・G・ターナー，ロバート・H・ガードナーほか 著，中越信和ほか 監訳，景観生態学―生態学からの新しい景観理論とその応用，文一総合出版（2004）

第 **3** 章

「よい眺め」をつくるために

　本章ではまず，景観を考える三つのアプローチの一つ目「**視覚的**」観点から，眺めを捉えるための指標や理論について紹介する．眺めとして目に映る景観の特性を探り，形や色の理論を学ぶことで，景観を理論的，客観的に扱うことができるようになる．

3.1節 視知覚特性と「よい眺め」

Point!

①眺めを定量的に捉えるための指標として，見込み角，俯角と仰角，視線入射角が用いられる.
②人の視知覚特性に基づいた，自然で無理がない「よい眺め」には，一定の条件がある.

「見える」ということは生理現象である．眼球，視覚神経，脳がきちんと機能してはじめてモノが見える．その詳しいメカニズムまでを知らなくても，人とトンボあるいは猫では，視覚のしくみが異なることは想像できる．人は，人が環境のなかで生きていくために合理的な見方を生物的進化のなかで形成してきたはずである．したがって，その特性のある部分は，環境を眺めるという景観の議論でも参照することができる.

ここでは，人の視知覚特性を参考にしながら，生理的に自然で無理がない「よい眺め」の条件を探っていこう．つまり，「そもそも人はどれくらいの範囲を見ているのか」，「視線はどのような動きをしているのか」などの特性から導かれる見やすい条件に基づいて眺めを考えていくのである．まずそのために，視点と視対象との空間内での位置関係を定量的に捉える指標について説明する.

● 眺めを定量的に把握するための指標

視対象の見かけの大きさは，そのものの実際の大きさと視点からの距離によって変わる．よって，視対象を見込む角度＝見込み角により，見えの大きさを表す

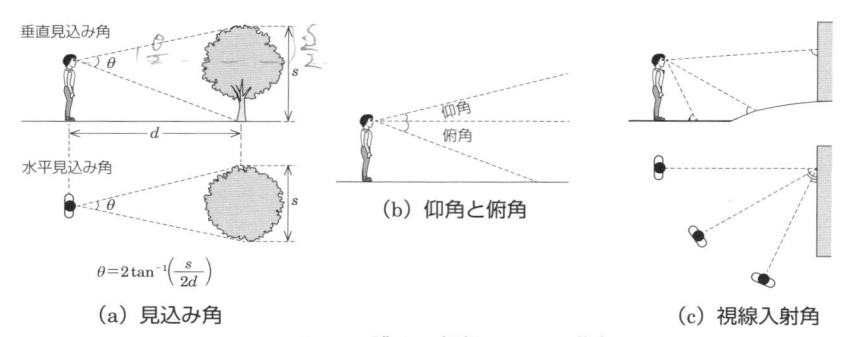

$$\theta = 2\tan^{-1}\left(\frac{s}{2d}\right)$$

(a) 見込み角   (b) 仰角と俯角   (c) 視線入射角

図 3.1　眺めの把握のための指標

（図3.1）．見込み角には，**水平方向**と**垂直方向**がある．

　視対象を見上げるか見下ろすかによって印象は異なる．見上げることを**仰瞰**，見下ろすことを**俯瞰**という．それに合わせて，水平から見上げる角度を**仰角**，見下ろす角度を**俯角**という．

　視対象の面と視線がなす角度を**視線入射角**という．この角度が90度に近ければ面の見えの形は歪まないが，角度が浅くなると詰まった形に見える．

● 人の視野と見やすい範囲

　人の視野は図3.2（a）のような広がりをもっているが，およその目安として**頂角60度の円錐の広がり**として捉えることができる．しかしこの視野の範囲内全部を同様に見ることができるのではなく，はっきりと対象を識別して見えるのは中心の1度程度（熟視角）である（図3.2（b））．また，高速で移動する場合には視野はせまくなるなど，静止しているときとは見え方が異なる（図3.2（c））．

　熟視角が1度とせまいにもかかわらず，私たちは視野の全域が均等にちゃんと

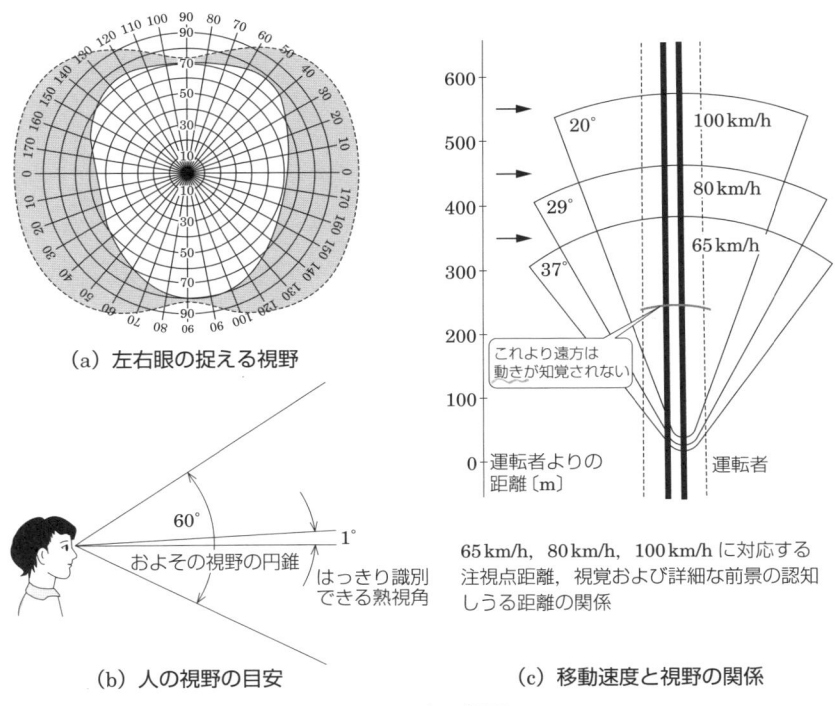

（a）左右眼の捉える視野

（b）人の視野の目安

（c）移動速度と視野の関係

65 km/h，80 km/h，100 km/h に対応する注視点距離，視覚および詳細な前景の認知しうる距離の関係

図3.2　人の視野

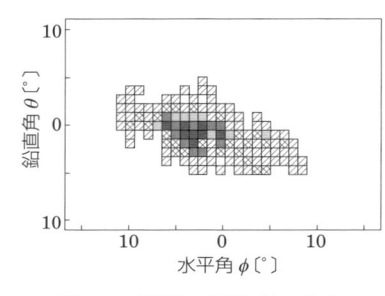

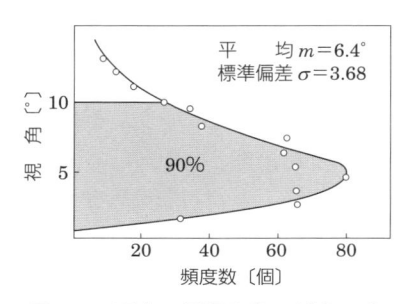

図3.3　眼球の揺らぎの分布　　　　図3.4　星座の見込み角のばらつき

見えるように感じる．それは，**眼球が常に揺らいでいるからである**．その揺らぎが集中している範囲は，**水平方向に約20度，垂直方向に約10度**である（図3.3）．そのためこの範囲内に収まっているものは，一目で見ることができる．

　星座は，夜空に点在する星を空想の線で結び，一つのまとまりとして特定したものだが，その見込み角を計ると10度までにほとんどの星座が収まる（図3.4）．つまり，**見込み角10度に収まっているものは，わざわざ視線を動かして全体の形をなぞらなくてもパッと見ただけでひとまとまりの形を認識することができる．ゆえに「見やすい見えの大きさの目安」と考えられる．**

●さまざまなものの見えの大きさ

　「見込み角10度」といわれても，なかなかピンとこない．図3.5には，さまざまなものをある距離から眺めたときの見えの大きさを示している．またゲンコツをつくって腕をいっぱいに伸ばしてそのゲンコツを見たときの見込み角がほぼ10度，手を広げた横幅が20度といわれている（図3.6）．もちろん手の大きさ，腕の長さで違いはある．しかし，屋外で遠くにあって実際の大きさや距離を測ることができないとき，自分のこぶしを物差しとして視対象の見込み角にざっとした見当をつけてみることはできる．そうした経験と意識をもつことで，**眺めを分析的に見る感覚を養えるだろう．**

　一方，見えの大きさの印象は見込み角だけではうまく説明できない．

　たとえば，満月が昇りはじめたときはとても大きく見えるのに，天高く昇るとずっと小さく見える．あるいは高層ビルのそばに見える富士山はとても大きく感じる．こういった感覚は，視対象そのものの「見込み角」だけでなく，その近くにあるものとの比較で大きさを感じるためである．

　地上にあるビルや山並みは，直接的にその大きさを私たちは知っている．その

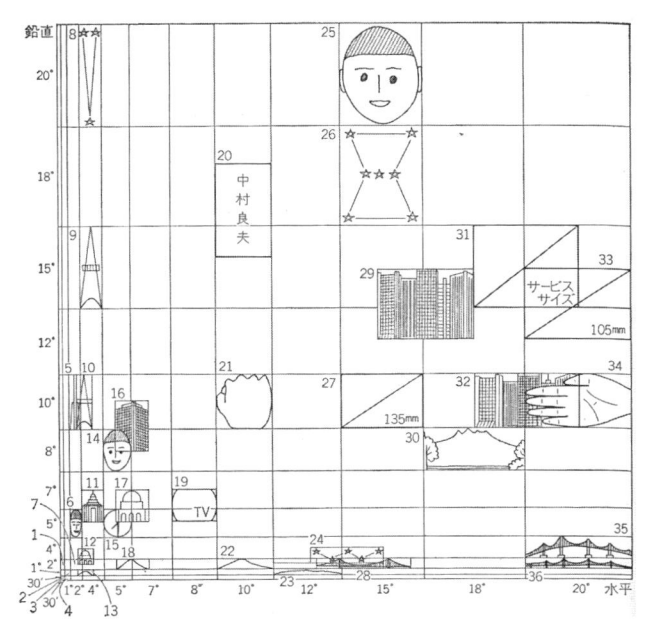

図 3.5　さまざまな視対象の見込み角

　1：人間の体全体を見る（60 m）30′×2°（戸沼），2：太陽 30′×30′，3：月 30′×30′，4：富士山，東京から（90 000 m）1°×30′，5：那智の滝，青岸渡寺から（660 m）2°×10′，6：顔-会話の距離（3 m）2°×5°（戸沼），8：碁盤の目（60 cm）2°×2°，8：双子座 4°×20°，9：東京タワー，第一京浜分岐点より（1 400 m）4°×15′，10：東京タワー，赤坂見付田町通りより（2 100 m）3°×10°，11：国会議事堂入口，道路分岐点より（360 m）4°×6°，12：絵画館，青山通りより（750 m）3°×3°，13：東山大文字，加茂大橋より（3 000 m）3°×1°，14：顔-社会的会話距離（1.8 m）5°×8°，15：腕時計の文字板（30 cm）5°×5°，16：霞ヶ関ビル，新橋より（1 100 m）6°×9°，17：絵画館，前の広場より（350 m）6°×6°，18：三上山，名神高速より（6 300 m）6°×2°，19：テレビのブラウン管，明視距離（対角線の 6 倍）8°×6°，20：名刺（30 cm）10°×17°，21：拳骨（腕を伸ばした距離約 50 cm）10°×10°，22：比叡山，円通寺より（突出部）（6 000 m）10°×2°，23：丹沢山地，東京より（50 000 m）12°×1°，24：カシオペヤ座 13°×3°，25：顔-小声での会話距離（60 cm）15°×20°（戸沼），26：オリオン座 15°×18°，27：35 mm フィルムのカメラ，135 mm レンズの画角 15°×10°，28：清洲橋，永代橋より（750 m）14°×2°，29：新宿高層ビル群，大久保駅付近より（800 m）17°×14°，30：桜島，仙巌園より（7 800 m）18°×8°，31：サービスサイズの写真プリント（30 cm）19°×15°，32：新宿高層ビル群，神田川・大久保通りより（1 200 m）19°×10°，33：35 mm フィルムのカメラ，105 mm レンズの画角 20°×13°，34：掌（腕を伸ばした距離約 50 cm）20°×10°，35：明石大橋，岩屋より（3 300 m）20°×4°，36：明石大橋，鉢伏山より（6 500 m）20°×2°

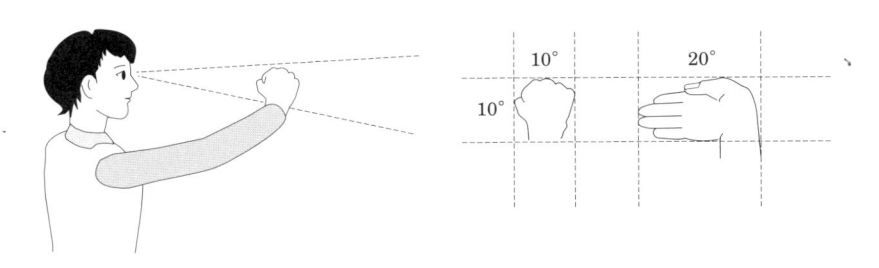

図 3.6　見込み角 10 度の目安

図3.7 見えの恒常性

近くにあると、比較するものがあるため月も富士山も大きく見える。こうした経験に基づく見え方の傾向を**見えの恒常性**と呼ぶ。

●視距離

「見えの大きさ」は基本的に「見込み角」で捉えるが、視対象までの実際の距離も見え方に関わる。視対象までの距離を**視距離**という。

いま君が見ている眺めの視距離を考えてみよう。

室内にいれば部屋の大きさに制限されるが、窓の外に見えるものはどれくらい離れているだろうか。屋外にいても、周囲を建物に囲われた都市部と、視線が遮られず遠くまで延びる田園地帯とでは、一つの視野に含まれる視距離の幅には大きな違いがある。屋外の広がりをもった眺めを視距離によって**遠景、中景、近景**と区分することがある。相対的なものであるが、日本では山が見えることが多いので、山の見え方を基準にこの**3種**を区分してみる。

近景は、樹木の枝ぶり、樹形など1本1本の特徴がわかる領域で**500 m弱程度**まで、中景は斜面の個々の樹木を見分けられる領域で、**遠くても3 km**まで、遠景はそれ以上で山の表情はわからずシルエットとして見えてくる。

つまり、視距離によって視対象を構成している要素の識別可能性が変わり、それによる見え方の違いから距離の違い、奥行きを感じ取ることができる。また遠方になるほど霞んで青っぽく見える（**空気遠近法**）とともに、時刻と天候の影響も受けやすい。そのため大気の状態によって視距離を意識しやすくなることがある。霧や靄がかかったときのほうが山までの遠さ、近さが強調され、超高層ビルの上階がもやに包まれたりすると、その高さをリアルに感じるだろう。

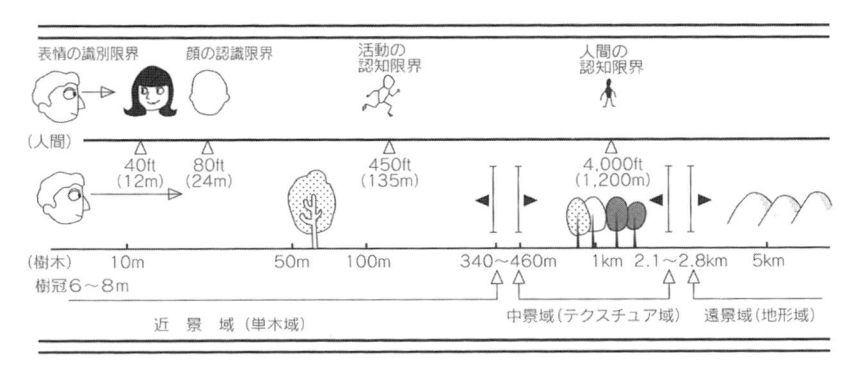

注…標準対象人間：ヒューマンスケール　　　標準対象樹木：景観の表情，樹木の効果はせいぜい3km程度までである

図3.8　視距離と見え方

　当たり前に見ている眺めが，なぜそう見えるのかを考えると，自然と人間，その関係である景観という現象への興味が湧くのではないだろうか．

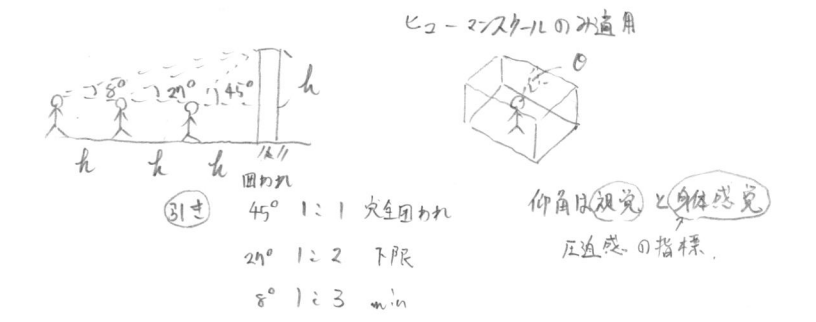

3.2 節　景観ディスプレイ論

Point!

①自然な視線方向などの指標を参考にして視点と視対象の関係を調整することを「景観ディスプレイ論」という.
②伝統的な眺めや経験から,「よい眺め」に共通する特性を探ることができる.

　人には人の生理的な視知覚特性があることが前節でわかった. これをもとに, 人の首の動きや視線の方向などを勘案していけば, 見せたいものを見やすいところにもってきて**眺めやすい景観**をつくっていけるだろう. 店に並ぶ商品の陳列をお客が見やすいように工夫するのと同様に, 景観を構成する要素と視点の関係を見えやすいよう調整することを**景観ディスプレイ論**という.

●自然な視線の行方

　電車のなかでスマートフォンを使っている人たちを観察して見ると, **ほとんど同じ角度**でもっている. 座っているときの人の視線の方向がほぼ同じであり, そ

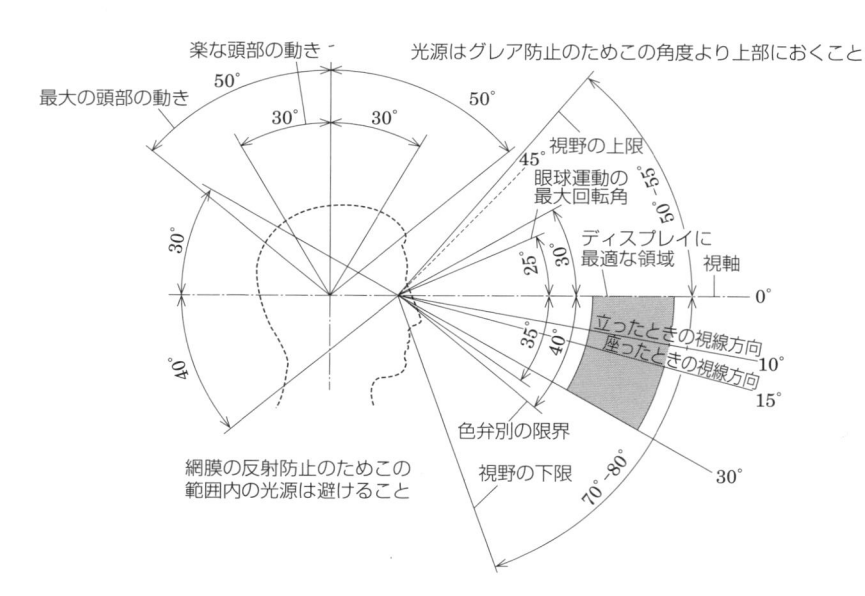

図 3.9　頭の動きや視野の特性と見やすい領域（H. ドレイフュスのデータより）

の視線と垂直になるように（視線入射角が 90 度に近くなるように），画面の角度を保っているからと考えられる．こうした視線の自然な方向をもとに，見やすい眺めの見当をつけられる．自然な状態では視線は水平よりも下，つまり俯角となる．その角度は立っているときに 10 度，椅子に座っているときは 15 度程度といわれている（図 3.9）．

　このことと，夜景で有名な函館の眺望の魅力とを考えてみる．函館は，独立していた函館山が土砂の堆積によって陸続きとなり，独特の地形を有している．函館山の山頂から見下ろすと，弧を描いた海岸線と堆積地につくられた街路の緩やかなカーブが見て取れる．そうした魅力的な形が描き出されるあたりに，山頂から俯角 10 度の視線が落ちる（図 3.10（a））．地形の眺めのおもしろい部分にちょうど目がいくような，うまい距離と標高の関係にあったということだ．

　山頂から降りて行くにつれて，俯角 10 度の線は手前に近づき，海岸線からはなれてしまい，何となくつまらない眺めになっていってしまう．さらに高層ビル

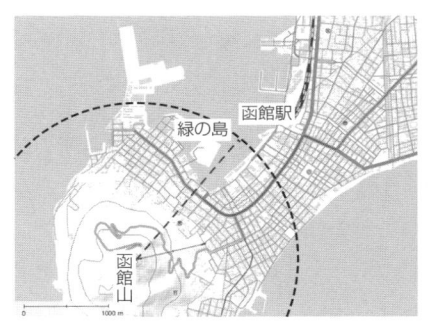

(a) 函館の地図と函館山山頂から俯角 10 度の位置

(b) 坂道の先に見える位置の埋立て地によって海が見えなくなった

(c) 視点の高さによる見えの違い（左：山頂から，右：7 合目付近から）

図 3.10　函館の地形と眺め

が増えてきたこともあって標高が低いところから眺めると，ビルの壁面に対する視線入射角が大きくなって個々のビルの面の印象が強くなってしまう（図3.10 (c)）．これでは函館ならではの大地の見えの形を楽しめない．

つまり，もし函館山がもっと低かったら，山頂からの眺望の魅力はいまよりずっと小さかったであろう．逆にもっと高かったなら，自然な視線はずっと遠くに落ちていき海岸線周辺が視野の下方の端に位置してしまい，眺めの主役にはなれなかったであろう．私たちが眺めを楽しむことができるのは，大地のなかにあるこうした**ちょうどいいバランスの場所**を見つけ出した結果なのである．

函館の例からもう1点考えてみよう．現在「緑の島」と呼ばれているのは埋立て地なのだが，これが函館山の頂上の視点からちょうど俯角10度の視線が落ちるあたりにあり，「海岸の見えの形」に大きな影響を与えている（図3.10 (c) 左の写真の左端に一部が写っている）．また，"坂のまち函館"を代表する坂道からの海の眺めを阻害してしまった（図3.9 (b)）．函館山からの眺めを尊重しつつ同じ面積の埋立て地をつくろうとすれば，どんな工夫ができただろうか．

伝統的な眺めが示唆するよい眺めの特徴

星座の見込み角の値（図3.4）が眺めやすい見えの大きさについて示唆を与えてくれるように，長い時間のなかで人々が支持してきた**伝統的な眺めや名所の眺め**には，「よい眺めのヒント」が隠されているのではないかと期待できる．そう考えて景観工学の先駆者たちは，さまざまな名所の眺めを測った．

その一つに，**借景庭園から眺める山の仰角**がある．「借景庭園」とは，敷地を超えて遠くにある魅力的な視対象をうまく眺めに取り込めるように視点を選び，

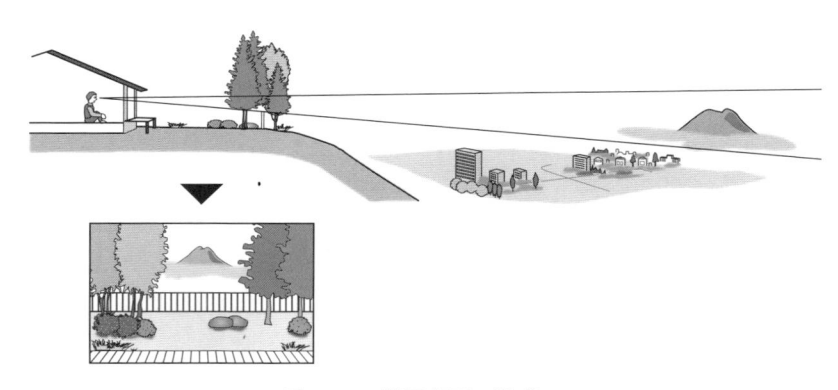

図3.11　借景庭園の構成

借景
　敷地外にある景観資源を眺めの一部に取り入れること

視点場となる庭や建築をデザインしたものである．日本では姿のよい山を眺めに取り入れた庭園が多くつくられた．それらから見える山は，おおよそ**仰角8度前後**のものが多かった．それほど大きい値ではない．

　借景庭園では，建物の軒，庭の地面や見切りとなる壁，樹木などによって額縁のようなフレームを作り，そこに山が収まるようにデザイン（「生け捕る」という）されている．そのため山が印象深く，また大きく感じられる．

● メルテンスの法則

　西洋の歴史的都市には随所に魅力的な広場がある．その広場に面した建物の壁面（ファサード＝顔という意味のフランス語）や広場に置かれた彫刻などが，どのように見えるかについて，19世紀ドイツの建築家メルテンスが考察している．そこでは，視対象の見え方の印象について，視対象の高さと視距離の関係（つまり仰角）の値に経験的に図3.12のような目安を提示し，**メルテンスの法則**と呼ばれている．

　興味対象となる建物や像に遠くから徐々に近づいて行ったとき，それが全体の眺めの一部にすぎない状態から，あるところで中心的な見え方になり，やがて視野のほとんどを占め，さらに近づくと全体は見えなくなって建物や像の一部に興味が移っていく．この印象の変化の節目となる位置を，目安としてわかりやすいように視対象の高さと視距離の整数比で示したのである．

　ここで重要なのは，見せたいものを見やすく見せるには，**適切な引き＝視距離が必要**ということだ．そのバランスを考えながら，広場の大きさや視点の位置を検討する必要がある．なお，この「メルテンスの法則」が適用できるのは，歴史

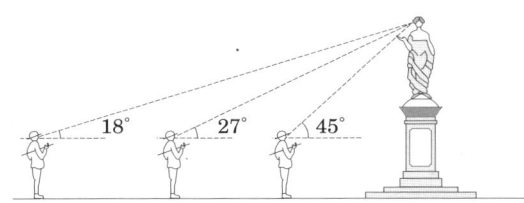

仰角45°：対象全体を見ることはできない　　仰角18°：建築的一絵画的印象
（D/H＝1）個々のディテールが観賞される　　（D/H＝3）

仰角27°：全体を眺める位置　　　　　　　　仰角12°〜10°：純絵画的
（D/H＝2）　　　　　　　　　　　　　　　（D/H＝4.7〜5.7）

メルテンスの法則（対象の視覚と見え方，印象の変化）

図3.12　メルテンスの法則

的な都市にあるような**ヒューマンスケールな空間や構造物の場合**であり，遠くの山やタワーに対しては適用できない．富士山やスカイツリーにこの法則はあてはまらないのである．

● 視点と視対象の関係の分析から考える眺めの質

以上に述べてきた眺めの特徴の観察からわかることは，以下の3点である．

・人々が「よい」と感じる眺めには，ある程度の傾向があること．
・その傾向は視対象と視点との関係を表す定量的な指標で捉えられること．
・この関係の傾向は新たに景観をつくり出すときに参考にできること．

ただし，その定量的な数値をあてはめればよいわけではなく，それを踏まえながら，眺めを魅力的にしていくためのデザインの工夫や技法が必要である．

つまり，「景観」とは視対象であるモノの色・形のデザインを議論する前に，視点と視対象の位置および大きさの**「関係」に着目**することが**大切**なのである．

● 「よい眺め」とは

さて，ここまで何度か「**よい眺め**」という言葉を使ってきた．「よい」という意味は，人がものを見るという生理的・認知的行為の観点からいって，無理がなく，自然で，合理的という意味をいう．重力のある地上で二足歩行をして生きている人間は，垂直と水平にはとても敏感で，これを基準にして「傾いている」という認識をする．よって垂直と水平，さらに直角や平行は他の軸や角度と比べて「よい」とされる．次節で述べる「ゲシュタルト心理学」の概念においても用いられる考え方である．漢字で「良い」と書くと社会的な評価，つまり場所や集団によって変化する評価と思われてしまうので，ひらがなで表記される．

「美しい」や「魅力的」とは，まさに社会的な，ときに個人的な評価である．そうではなく，生きものとしての人間にかなり普遍的に共通する特性に照らして判断されるのが「よい眺め」の意味である．そのため，眺めを考える基本としてまず「よい形」，「よい眺め」の特性を理解しておきたい．

3.3節　図と地

Point!
①形の見え方については「ゲシュタルト心理学」の「図」と「地」の考え方が参考になる.
②景観の一部となる土木構造物では, 「地のデザイン」の考え方が重要となる.

形とは

山や橋, 建物, 樹木など, 眺めを構成する「要素」は「形」をもっているように見える. それらはそのものの実際の形とは異なり, ある視点から見た場合の透視形態, つまり「見えの形」である. しかしそれが「形」として見えるのはなぜだろうか.

たとえば, 図 3.13 (a) のように三つの点を打つと, 私たちはそこに三角形という「形」を読み取る. あるいは図 3.13 (b) は, 何の形に見えるだろうか.「ルビンの壺」と呼ばれるこの図柄は, 白黒どちらに着目するかで見える形が異なる. つまり「形」とは, 客観的にそこにあるものというよりも, それを眺める人の見方によるものである.「形の見え方」については, **ゲシュタルト心理学**という分野の知見が参照できる.

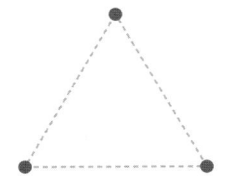

(a) 三つの点をバラバラに見ることはできない　　(b) ルビンの壺 (地と図の反転図形)

図 3.13　形の見え方に関する特性

ゲシュタルト心理学

ゲシュタルト (Geschutalt) とは, ドイツ語で「形態」という意味である. 20 世紀初頭にドイツで起こった心理学の一派であり, それまで人の知覚や理解は, 個別の刺激に対する反応の総和のように捉えられていたが, そうではなくて,

「個別要素には還元できない全体的な枠組み（ゲシュタルト質）によって規定される」と考えたのがゲシュタルト心理学である．

　先ほど述べた図3.13（a）の三つの点の知覚は，それぞれの点をバラバラに見るのでなく，そこに三つを結びつけた「三角形」という全体的な構造として行われる．メロディーも個々の音の集まりとしてではなく，まさにそれらの「ひとつながり」として知覚される．そのため，転調しても同じメロディーであると捉えられるのである．こうした枠組みに注目したのがゲシュタルト心理学である．

●図と地

　景観の議論において，ゲシュタルト心理学から参照されるのは，図（**figure**）と地（**ground**）の概念である．「図」とは，ある平面や画面を眺めたときに，形として浮かび上がって見える部分（領域）のことであり，「地」とは，その図の背後に広がっているように知覚される部分（領域）のことである．

　図3.13（b）のルビンの壺は，この図と地が反転しやすい特殊な図形であり，黒い杯の部分が「図」として見えているときには白い部分は「地」となり，白い人の横顔が「図」として見えているときには黒い部分が「地」となる．図と地に

表3.1　図と地の特性

図	地
形をもつ	形をもたない
境界・輪郭は図に属する	地は図の下にも広がっているように感じる
物の性質をもつ（たとえば，水滴）	素材の性質をもつ（たとえば，水）
見る人に近いほうに位置するように感じる	図の背後にあるように感じる
地に比べて印象的	

表3.2　図になりやすい要因

・小さいほうが大きいほうよりも図になりやすい．
・下部は上部よりも図になりやすい．
・水平・垂直に置かれた部分は図になりやすい．
・凸型は凹型よりも図になりやすい．
・シンメトリーなど規則正しいものは図になりやすい．
・動くものは図になりやすい．
・明るいもの，鮮やかなものは図になりやすい．
・寒色よりも暖色のほうが図になりやすい．
・均等な幅をもつ部分は図になりやすい．
・包むものと包まれるものとでは，包まれるほうが図になりやすい．

ついては，それぞれ表 3.1，表 3.2 のような特徴がある．

　また，「図」となる形が複数あるときに，その**形のまとまり方（群化）**にも法則性がある（図 3.14）．

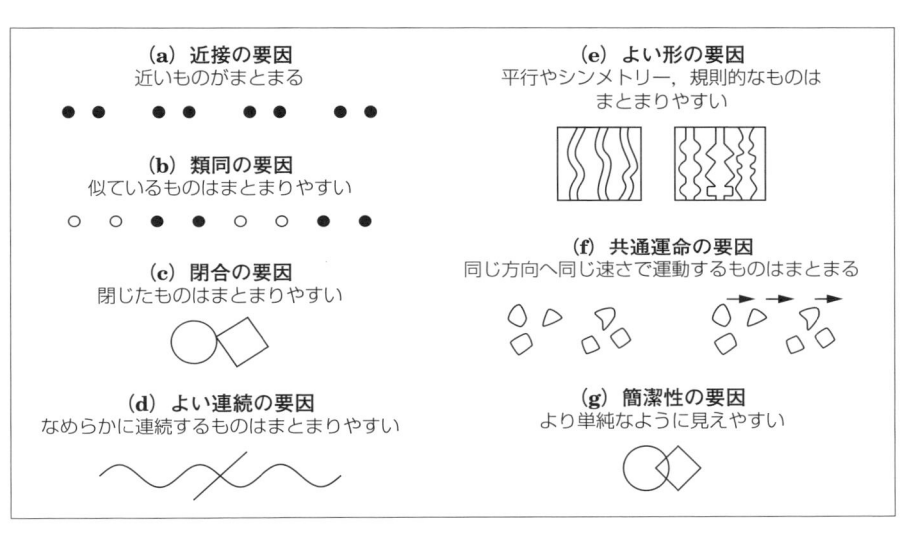

図 3.14　体制化の要因（まとまって見える要因）

　ここで示した，どのような部分や領域が「図」として見えやすいか，どれとどれがまとまって見られるかは，人や文化によって異なることはほとんどなく，人間という動物に共有された知覚のシステムによる．

　「図として見えているな」ということに気づくかどうかではなく，誰もが自然とそのように見ている．そのため，景観を視覚的に捉えて，その見えの形を考えるときには，誰にも共有される特性である「図と地の考え方」を頼りにすることができる．

　ゲシュタルト心理学は，紙に描かれた図形を前提として論じられているが，現実の空間の眺めにも応用でき，また，デザインを考えるときにも，図と地のことを気にすることで「よい形」を導いていくことができる．

●景観のなかの図と地

　土木構造物は景観の一部として眺められる．その際，構造物の種類によって「図」になりやすい構造物とそうでないものがあり，また同じ構造物でもデザイ

(a) はっきりとした図になりやすいアーチ橋

(b) 図となるが地形によって形が決められるダム

(c) 完結しない地模様の一部をなす道路

図 3.15　景観のなかでの土木構造物の見え方

ンによって「図」と「地」のどちらになりやすいかは異なる．さらに「図」と「地」は相対的な関係なので，同じものでも周囲の状況によって見え方は異なる．

　いくつかの例を写真で見てみよう（図 3.15）．塔やアーチ橋は構造体の形がはっきりしており，さらに空や水面を背景にして見られるためもっとも「図」になりやすい．したがって，「図」としての形のプロポーションやバランスをよくしていく方向でデザインを考えていく必要がある．

　連続高架橋やダム，トンネルの坑口も形がはっきりしているが，自己完結して決められるというよりは地形に大きく依存する．そのため「図」としてよい形にしようと思っても条件が許さない場合は，できるだけ周囲になじんで「地」の一部に見えるような工夫が求められる．

　護岸や擁壁，法面など，地形の一部となるものは，それが「図」として形をもってしまうと周囲から浮いてしまいやすい．自らは「地」となってそれ以外のもの，たとえば樹木や橋などを「図」として引き立てる役に回ったほうが，景観としてバランスがとれる．

(a) 道路の法面にある閉じた形や繰り返しは
　　景観のなかで「図」になってしまいやすい

(b) 法面の格子の縦のラインを強調して「図」
　　の印象を和らげた例

(c) 河川堤防に規則的に配置された階段が「図」として目立つ

図 3.16　景観のなかでの見え方への配慮の必要性

　コンクリート格子で覆われた法面や模様のはっきりした型枠，高欄のパネルなどは，同じ形が繰り返されるので，そこに強いまとまりが生まれ，「図」としてはっきり見えやすくなるので注意が必要である．できるだけ図柄として自己完結しないパターンを使うことで，景観の中で「図」として目立つことを避けられる（図 3.16）.

●地のデザインの重要性

　「デザイン」というと，どうしても「形をどうするか」を考えがちであるが，景観の魅力を高めるためには，**「形」をもたない魅力的な「地」を作ることがとても重要**である．水面や緑地が魅力的なのは，それらが表情をもった「**地**」となっているためでもある．舗装材や法面，擁壁なども，その素材と施工法に工夫して，味わいのある「地」にしたい．

　素材の表面の凹凸や肌理などの表情を**テクスチュア**という．コンクリートでも表面の目地や骨材によって多様なテクスチュアができる．視距離によってテクス

チュアの見え方も変わる．あまりに均質でテクスチュアの変化がないものは，人工的すぎて環境のなかでは浮き立ってしまう．自然石の石積みを多くの人がよいと感じるのは，見る距離や角度によって変化する奥行きのあるテクスチュアをもっているためである．土木のデザインの仕事においては，「図」となる形以上に，「地」のデザインが大切である．日頃からさまざまなものの素材とテクスチュアに関心をもっておこう．

（a）自然石を使った護岸はテクスチュアに味わいがある（秋田県横手川）

（b）切石と玉石を組み合わせた擁壁

（c）コンクリート・自然石・鋳鉄の素材感を活かした海岸護岸（福岡県北九州市）

（d）時間とともに魅力が増すエイジング効果を考えた舗装材（レンガとテラコッタタイル）

図 3.17　素材の味わいがデザインの大切なポイントとなる例

Point!

①色には「色相」，「明度」，「彩度」の三つの属性があり，それを数値で表す方法に「マンセル表色系」がある．
②景観のなかでの色を考えるには，「色の面積効果」や「風土色」に配慮する．

景観の議論では「色」は本当によく話題になる．なぜだろう．たしかに景観が悪いと思うのは，赤や黄色の看板や建物が目についたときだろう．それらの色を落ち着いた茶色やベージュに変えることで，「景観がよくなった」といわれる．

あるいは橋のデザインにおいても，構造から決まる形については専門家でないとなかなかコメントできないが，色なら自由に意見がいえる．赤く塗ったからといって橋が落ちることはない．

こうした背景があるためか，景観では色が注目される．しかし，色には「色の理論」がある．また，眺めのなかで色が果たす役割にも理論がある．まずは土木の景観論において必要な色の基礎知識を押さえておこう．

●眺めのなかの色

私たちが眺めのなかで見ている色は，そのものの表面に光が当たり，その**反射によって見えている色**である（照明や液晶ディスプレイのように，光源自体の色が見える場合もあるが，ほとんどのものは反射光で見えている）．

反射で見るので，ごく近くから見ればそのものの素材の色に近く見えるが，離れていくと光の影響が強くなり，色の見え方は変わってくる．遠くの山は，そこに生えている木の色にかかわらず青く見える．そもそも光は時刻や天候によって大きく変化する．同じタイルの舗装でも，明け方と真昼，晴れの日と雨の日では全く違う色に見える．

つまり，景観や土木の分野で色を考える際には，室内で見るポスターや服の色を考えるときとは，そもそも置かれている条件が大きく異なる．対象とする**ものの大きさ，見る距離，見る環境が違う**のである．このことをまず頭に入れておきたい．つまり，カラーコーディネートに関する本や理論はたくさんあるが，それをそのままあてはめればよいというわけにはいかない．

●色の3属性

とはいえ，色を表す方法や基本的特性は絵画やデザインの世界の研究に学ぶことができる．まずは色をどのように表すかについてみていこう．

色というと赤や青，黄色という色の名前を思い浮かべるが，同じ赤でも薄いと濃い，鮮やかとくすんだものがある．色には赤／青／黄色といった色味である**色相**（hue），濃い／薄いという明るさの程度である**明度**（value），そして鮮やか／くすんだという鮮やかさの程度である**彩度**（chroma）がある．これを**色の3属性**という．

この3属性から色を分析的に見るだけで，色に関する議論はぐっと理論的になる．自分のファッションコーディネートにも役に立つはずだ．日頃から，この色の「色相は…」，「明度は…」，「彩度は…」，というように考えながら見る癖をつけておきたい．

●マンセル表色系

この3属性を使って色を定量的に表す方法を**表色系**という．色を表すシステムである．19世紀の終わりからさまざまな人がどうすれば色を理論的・合理的に表わせるかを考えてきた．そのなかで今日よく使われているのが**アルバート・マンセル**（Albert H. Munsell：1858～1918）というアメリカの画家によって考案された**マンセル表色系**である．3属性をそれぞれ記号と数字で表すことで，色を特定できるようにした（図3.18（a））．

色相については，R（red）・Y（yellow）・G（green）・B（blue）・P（purple）の五つとそれぞれの間に二つを組み合わせたYR・GY・BG・PB・RPを加えて10系を定め，そのなかを10段階に分けている．実際に塗料などの色を考えるときには，色相を10段階まで細かく分けずに，中央値の5をとって各色相を3段階程度で検討することが多い（図3.18（b））．また，色味のない**無彩色**（黒色・灰色・白色）はNで表す．

明度については，最も明るい白色を10，最も暗い黒色を0として，その中間の灰色を10等分した数字で表す．0と10はあくまでも理論値であり，塗料などで実現することができないので通常は1～9が使われる．

彩度については，色のない無彩の状態を0としてくすんだ鈍いものから鮮やかになるにつれて，数字を増していく．その段階の程度は同じだが，色相によって最も高い値は異なる．BGのような色相は，RやYに比べて鮮やかといっても

R, YR, Y, GY, G, BG, B, PB, PR
└2.5R, 5R, 7.5R, 10R

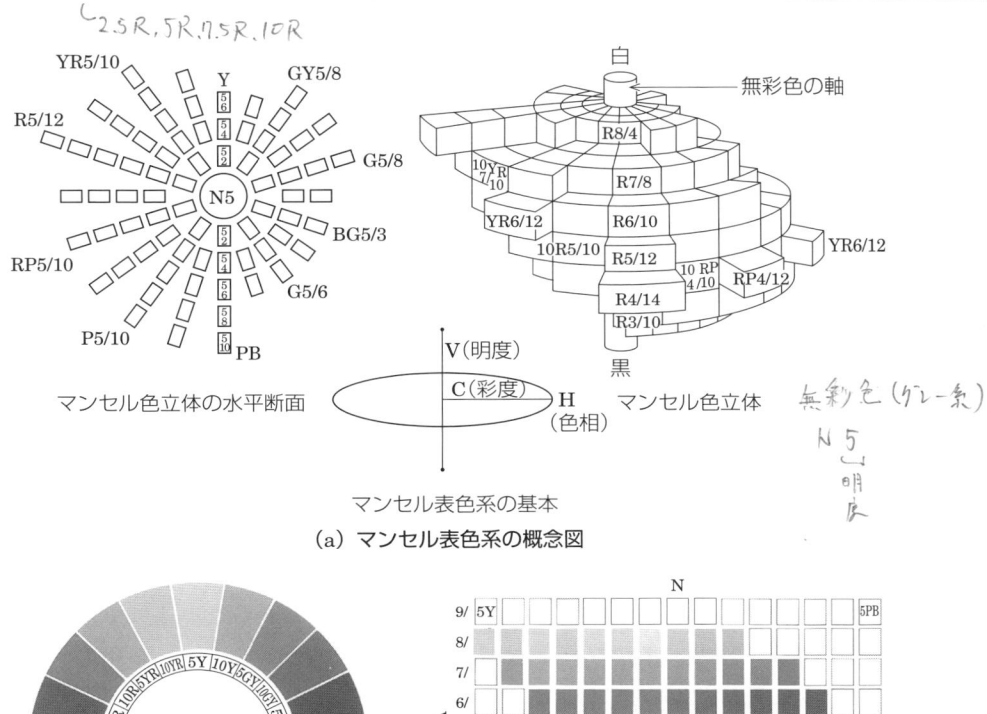

（a）マンセル表色系の概念図

無彩色（グレー系）
N 5
└ 明度

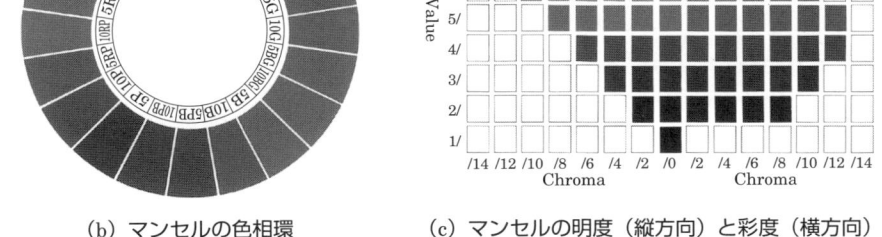

（b）マンセルの色相環　　（c）マンセルの明度（縦方向）と彩度（横方向）

図 3.18　マンセル表色系
詳しくは，ウェブなどでカラー版を参照されたい．

限界があるからである．最も大きい 5R では 14 まで，5BG では 10 までの値を取る（図 3.18（c））．

　以上の 3 属性の数字と記号を「色相／明度／彩度」の順に記して色を表す．

　たとえばやや明るいベージュは，「5YR6/4」となる．なお，無彩色は彩度が 0 なので，無彩色であることを示す N と明度の値だけで表し，「N4」（少し暗めの灰色）というように表す．

　この表色系は明度と彩度の値がどの色相でも同じ程度で設定される．つまり，「明度 4」といえばこのくらいの明るさ，「彩度 2」といえばこのくらいの鮮やか

さというように，色相に関係なく共通である．そのため，慣れてくると記号を見ただけでその色をイメージでき，また逆に色を見ればマンセル値を推察できる．

　色を計るための測定器もあるが，遠方のものの色を測るのは難しい．土木の世界で色を検討するには，色見本帳に記載された色と比べながら，近い色のマンセル値を確かめていくことが一般的である．

　なお，パソコンのモニターやプロジェクター上に表現される色は，機種や設定によってかなり違ってくる．印刷したものをカラーコピーしても色は変わる．実際の色を決めるときには，やはり基準となる色見本で確認する必要がある．

●色の組み合わせ

　色それ自体にきれいな色や汚い色はないといってよい．そう感じるのは，組み合わせが適切でないことや，特定の色から連想するイメージの影響によるものだ．偏見をもって色を語ることなく，ていねいに冷静に色の組み合わせを考えていきたい．現実の世界に，色は単独で存在することはない．

　色の組み合わせも，色相／明度／彩度の関係として分析的に捉えることができる．色相が近いのは**同系色**，逆に図 3.18（b）のように色相を円環（色相環）で表したときに向かいあった位置にあるのが**補色**であり，コントラストが明快になる．

　服のコーディネートでマフラーやポケットチーフに「さし色」を加えてアクセントとしたいときには，補色を使うことも多い．緑を背景に赤い橋が映えるのも，赤（R）と緑（G）が補色関係にあるためである．

　一方，周囲に馴染ませたり，同じ構造物を塗り分ける場合は，色相にあまり差を付けずに明度や彩度の値を調整するという方法がある．その他，**トーン**という概念を用いた配色手法もあるが，屋外にあって光が大きく変化する土木構造物やまちなみの色彩計画では，その効果は限定的となる．

●色の面積効果

　実際の設計では色を決める際にはタイルや塗装の**サンプル**を使う．しかしサンプルは基本的に実際につくるものに比べてとても小さいので，それを見てちょうどよいと思った色で大面積を塗装したり舗装すると，とても鮮やかで別の色のように見える．これは**色の面積効果**と呼ばれ，**面積が大きくなると彩度と明度が高く感じられる現象**である．そのため色の決定ではこの面積効果をあらかじめ考慮しなければならない．経験的に，サンプルや小さい図面で「よいと思った色から彩度の値を 2 下げると失敗しない」といわれる．

図3.19　架橋地点での橋の色彩検討の様子（右は完成予想図）

　また橋の塗装色を決めるときなどは，できるだけ大きな塗装見本（1m角程度以上）を橋の架橋地点に置いて，さまざまな角度から眺めて確認することが望ましい（図3.19）．少なくとも室内の人工光のもとで決めずに，屋外の自然光のもとでサンプルを見て考えよう．　※距離効果　遠くなるほど　彩度↓Down

500m以上　色相の違いがわかりづらい　L明度の違いが相対的にたかく）

● 色は素材と同時に考える　※空気遠近法　近くのものは青みを帯びて見える．

　塗料によって着色されるものも含め，色は常に素材と同時に考える．特に，石，レンガ，タイル，コンクリートなどの**表面仕上げや加工・施工方法は見え方に非**常に大きな影響を与える．　影をうまくつかえば、同じ素材でも明度をコントロールできる。

　コンクリートといえば「灰色」を思い浮かべるだろう．たしかにモルタルは灰色であるが，骨材に使われる砂利の色（表面にどれくらい出てくるかでも変わる）や，表面の凸凹・目地によってできる陰影の具合によって，できあがったものの色味や見え方は異なる．舗装，護岸，法面のように面積の大きいものは，目地の間隔や深さで見かけの色（主に明度）はずいぶんと変わってくる．

（a）表面仕上げ

（b）見え方

図3.20　トンネル坑口のコンクリートの表面仕上げと見え方

　さらに経年変化による色の退色，汚れも考慮しなければならない．土木構造物は竣工直後が一番きれいで徐々に汚れていくのではなく，時とともに適度に風化することで，周囲に馴染んだり風格が出て徐々に味わいが増すようにしたい．時とともに質感がよくなっていくことを**エイジング効果**というが，色と素材を考えるときには，このエイジング効果を狙うことも重要である．

●風土色と色の名前

　その地域の土，石，水，植物や伝統的な素材など，風土を構成する色を**風土色**と呼ぶ．これらを調査した上で，新たにつくる構造物などの色を決めていくことは，景観の一部となる色の選定にとって有用な方法である．

　また，色には，**マンセル値**のような表現でなく，文化のなかで名前が付けられているものが多い．日本の伝統色には，**若草色**，**緋色**，**茜色**，**鳶色**，**利休鼠**など，数百もの色名がある．

　名前からイメージが湧くこともあるため，人々の愛着を得るためには色の名前も考慮することは有効であろう．ただし，あくまでマンセル値による分析的な議論を優先し，「みかんの産地だから橙色」というような連想ゲーム的思考は避けたほうがよい．

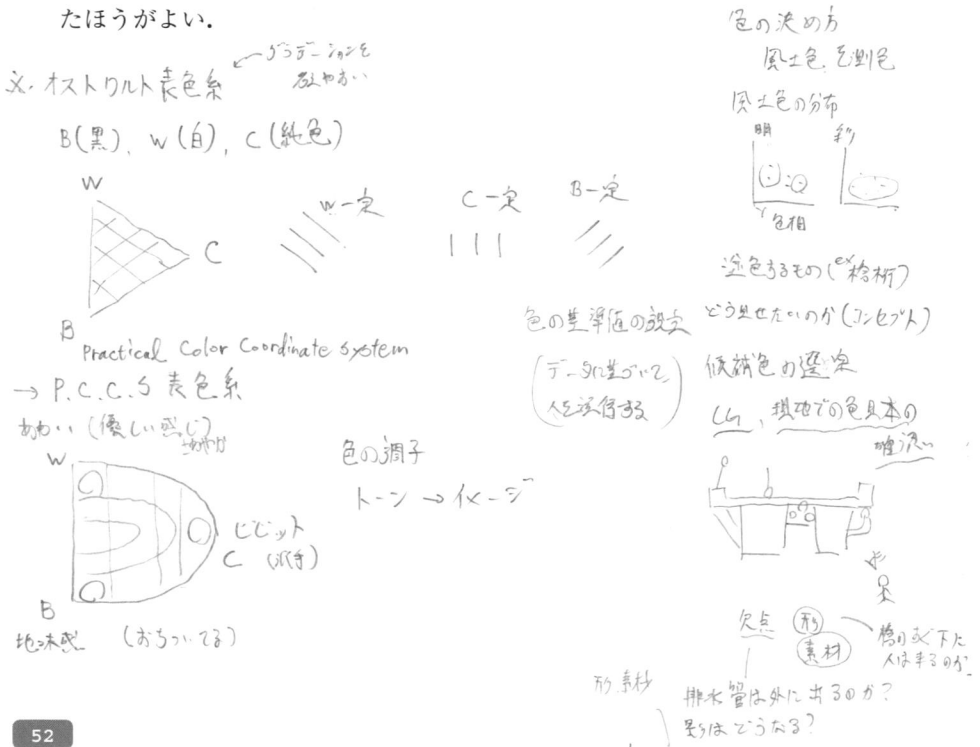

"写真を撮るときは"

景観を考え，デザインするためには，写真を撮ることが必須である．カメラの性能がよくなったために誰でも写真は撮れる．しかし，研究や調査に使える写真を撮るためには，以下の点に気をつけよう．

カメラの基本：カメラはレンズを通して入ってきた光を記録することで，写真という画像を作り出す．そのため，映り方はレンズの特徴と光の調整で決まる．特に大切なのはレンズの画角である．

レンズの基本：広い範囲が映る画角が広く焦点距離の短いレンズ（広角レンズ）から，遠方のものを捉えられる焦距離が長いレンズ（望遠レンズ）がある．人の視野に近いレンズを標準レンズ（35 mm 換算で焦点距離 50 mm 程度）という．同じものを同じ位置から撮影しても映り方はレンズによって大きく異なり，空間の広がりや奥行き感，視対象の大きさの印象は，直接目で見たときとは違ってくる．

そのため，研究や調査のための撮影には，レンズの画角に注意しよう．

人の視野に近いのは標準レンズだが，屋外の広い範囲を眺めるときには視線の移動によってもう少し広い範囲を捉えている．そのため，やや広角の 35 mm のレンズを用いる．スマートフォンについたカメラのレンズは，かなり広角である．ズームを使ってもそれは一部を拡大しているだけなので，画角は変わっていない．

同じ場所からレンズの画角を変えて撮影した写真は，空間の広がりやスケール感がまるで異なるものとなる（図 3.21 数字は 35 mm 換算の焦点距離）．

(a) 広角 28 mm　　(b) やや広角 35 mm　　(c) 標準 50 mm　　(d) 望遠 84 mm

図 3.21　同じ位置から同じ対象を画角の異なるレンズで撮った写真

●参考文献

・中村良夫 著，風景学入門，中公新書（1982）
・篠原修 編，景観用語事典 増補改定版，彰国社（2007）
・土木学会 編，篠原修 著，新体系土木工学 59 土木景観計画，技報堂出版（1982）
・樋口忠彦 著，景観の構造―ランドスケープとしての日本の空間，技報堂出版（1975）
・芦原義信 著，街並みの美学，岩波書店（1979）
・高橋研究室 編，かたちのデータファイル，彰国社（1984）
・川添泰宏 著，色彩の基礎 芸術と科学，美術出版社（1996）

■さらに学びたい人のために
・小林一郎 監修，風景デザイン研究会 編，風景のとらえ方・つくり方―九州実践編，共立出版（2001）
・道路環境研究所 編，道路のデザイン―道路のデザイン指針（案）とその解説，大成出版社（2005）
・吉田愼悟 著，景観法を活用するための環境色彩計画，丸善（2005）
・公共の色彩を考える会 編，公共の色彩を考える―景観まちづくりのヒント，青娥書房（2009）

錯視：物理的・客観的な形態と知覚された形態が違う。

都市のイメージに合う景観

単独で存在する場合
環境の中に存在する場合 ｝違う

違って見える。

街角が くらい のふが
いいんだな へ。

視空間の非等質性　　重力の影響
垂直と水平 ―― 意味が違って見える

良い眺めのカラクリ
を探す

ゲシュタルト心理学
Gestalt（独）形態 20c
始まり

要素の集合ではない。
⇒全体性に注目！

人の目は微分系じゃない
→微分系で観察できると、人と違うもの

図と地 figure ground 人が図になれ！！
　　　　　 形　　　質
　　　　　 前　　　後 ｝閉じてる
　　　　　 境界　上下左右ずらす ←シンメトリー
　　　　　　　　　　　　　　　は図になりやすい。

視線の置き方で、図も地も変わる。

第4章

居心地のよい場所と眺めを
つくるために

> 本章は，景観を考える三つのアプローチの
> 二つ目「**身体感覚**」の観点から，人が実際に
> そこに入り込んで体全体で捉えた感覚をもと
> に，景観を考えていく．それは居心地のよい
> 場所をつくり，落ち着きや安心を感じられる
> 眺めをつくることにつながる．

4.1節　ヒューマンスケール

Point!

①人体の大きさや運動能力を基準とした「ヒューマンスケール」は，土木の計画，デザインでも重要である．
②空間を緩やかに区切ると同時につなぐ「分節」は，居心地のよい場所と眺めをつくる鍵となる．

● まずはスケール

土木の魅力の一つは，"でっかいもの"をつくることにある．大きな橋やダイナミックなダムなど，技術力を駆使してつくられた巨大な構造物は感動を与える．現代に限らず，ピラミッドや古代ローマの水道橋など，人類ははるか昔から大きさへの挑戦をしてきた．これら巨大土木施設は日常の人々の生活の場から離れたところに存在し，それを眺めた感動も非日常的なものといえる．

一方，現代の私たちの日常的な生活空間にも，人間の大きさに比べてはるかに大きい構造物が増えている．超高層ビル，都市内高架橋，あるいは田園地帯を通る高速道路などである．20世紀に入って急激に高さや大きさを増してきた構造物に囲まれて生きることに，私たちはもはや慣れているけれども，そこは生きものとしての人間がリラックスできる場所や空間とはいえない．身体感覚的な観点から考えるとき，最初に考えたいのは**人間の身体との比較で考えたスケール**である．

> ヒューマンスケールの考え方

● スケールとサイズ

スケールとは尺度，縮尺，比のことである．一方，サイズとは寸法，具体的な大きさである．部屋が狭いか広いかは実際の**床面積による**．一方，その部屋がどんな印象かは，縦横の比や床と天井の高さの**バランスによる**．

スケールとサイズを区別して考えることは重要である．サイズは一般にものの機能的な面から決まってくる．桁高というサイズは，構造力学的に決まる．このサイズを周囲との比（＝スケール）を考えずにそのままもち込むと，圧迫感を与えることもある．つまり，「どう感じるか」はサイズだけなく，**スケールによって決まってくる．**

● ヒューマンスケール

　スケールは比なので，何と比べるかで決まる．地図の縮尺は実際の大きさとの比で，1000 分の 1 や 1 万分の 1 などと表す．土木の計画やデザインを考えるときには，人間の体の大きさや運動能力との比である**ヒューマンスケール**を大切にしたい．人体のサイズは個人差があるものの，成人であれば身長はおよそ 1.5 ～ 2m 程度で，手を伸ばして届く高さは身長の約 1.3 倍である．運動能力としては，たとえば，人の歩行速度は時速 4 km 程度，バス停や駐車場まで多くの人が苦痛と思わずに歩ける距離の目安は 500 m 程度というように，平均的・経験的な調査結果がある．これらは歴史を遡っても，倍になったり半分になったりするような劇的な変化はなく安定している．

　またヒューマンスケールとは，厳密な縮尺のことというよりも，**人体や運動能力を基準にして空間のサイズを考えること**，特にそれをはるかに超える巨大なサイズの空間を回避するといった一種の**計画設計の考え方**である．

　機械力に頼った建設や自動車移動が導入される以前にできた伝統的な都市空間や建築は，おおむねヒューマンスケールである．歴史的な都市や建物が多くの人に魅力的であると評価されるのは，その造形以前に，空間の適切なサイズ，スケール感によるところが大きい．中世に多くつくられたヨーロッパの歴史的都市のサイズはどれもおおむね直径 4 km 以内である．それは中心から 30 分程度の歩行で行ける範囲である．

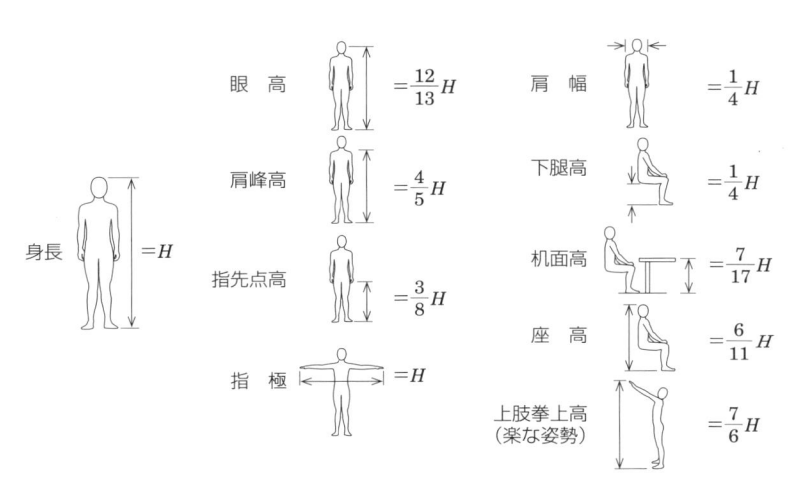

図 4.1　人体と動作に関わる寸法

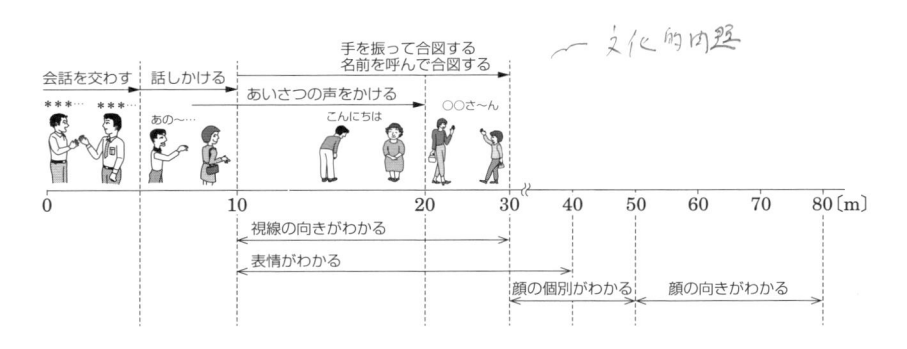

図 4.2 距離による人の見え方と行動の目安

● 単　位

　現代では長さは m や km，重さは kg や t といった単位を基準にして測る．国際的に共通な単位が厳密に定められている．しかし，日本には長さの単位として，寸，尺，間，町，里があった．イギリスには inch，foot，yard，mile などの単位がある．これらは身体の部位を基準にした寸法体系としてそれぞれの文化のなかで継承されてきた（表 4.1）．

表 4.1 伝統的な単位系

		日本		イギリス		備　考
		伝統的単位系	メートル換算	伝統的単位系	メートル換算	
長さ	寸		3.03 cm	inch	2.54 cm	人体の寸法に基づいた単位
	尺	10 寸	30.3 cm	foot (feet)	12 inch　30.5 cm	寸・inch は親指の長さに由来 foot は足に由来
	間	6 尺	1.18 m	yard	3 feet　91cm	畳の寸法は 1 間×0.5 間
	町	60 間	109 m			1 里は約 1 時間で歩く距離
	里	36 町	3.9 km	mile	1.6 km	mile は 2 歩×1 000 から
面積	坪	1 間×1 間	3.3 m²			
	町	300 坪	9 917 m²			

　日本の建物は，畳のサイズ（3 尺× 6 尺）を基準とし，伝統的な工法による建設の現場では寸や尺が通用しており，何寸，何尺といわれればそのサイズがすっと体の周りの空間の大きさとしてイメージできる．ヒューマンスケールな思考において，これらの伝統的な寸法体系は非常に便利なものであった．

　量を単にデジタルな数字で見るだけでなく，「このくらい」と感覚をともなってイメージできることは重要である．cm や m を使っても，それがどれくらいの大きさなのかを身体の感覚をともなって想像する癖をつけておこう．

ゾーニング

●空間の分節

　ヒューマンスケールな空間をつくりたいと考えても，現代では難しい．自動車利用や効率性，機能の高度化は，ヒューマンスケールを超えた構造物や空間を必要とする．そのため，一つの空間を緩やかに区切ることでスケールを人体の感覚に近づけることが必要となる．壁などで完全に仕切ってしまうのではなく，緩やかに区切ることを**分節**（articulation）といい，空間を考える際に重要な概念である．

分節の仕方で
空間のよさが変わる

　たとえば長く単調に続く川の護岸に変化をつけて分節する．間延びした広場に大きめの樹木を配したり，段差をつけて分節する．分節とは，**区切ると同時に区切られた部分同士をつなぐこと**でもある（図4.3）.

左岸（写真の右側）の護岸は緩やかな変化と分節がされている

水辺に立つと，水際の空間がヒューマンスケールに分節されているのがよくわかる

図 4.3　適度に分節された広島市太田川の護岸

巨大なビルと平たんな広場が直接ぶつかっている．人気がない

足元に低層の建物を挿入し，さらに広場を複数の空間に分節している．居心地よくいつも人々で賑わっている（新宿三井ビル）

図 4.4　超高層ビルの足元の空間の違いと賑わいの様子

ぼくからすれば，
様々な階層をつくるイメージだな

　現代の構造物は機能を満たすために巨大化しがちである．そのため何も配慮しないと人にとっては大きすぎて落ち着かず，疎外感を感じてしまう．したがって構造物によってできてしまう空間を**ヒューマンスケールに分節**する工夫が必要となる（図 4.4）．できれば，構造物自体の機能と関係した要素によって分節することが望ましい．また，構造物が挿入される地形を尊重することで，単調さを回避する工夫もぜひ考えたい．

● 人の周りに形成される領域

　カップルがどのくらい親しいかどうかは，2 人の距離でなんとなくわかる．明らかに手をつないだりしていなくても，肩が触れるくらいの距離にいれば恋人同士，間にちょっと空間が挟まれていれば単なる友達であろう．同様に講義を受ける教室で前の席に座るか，中ほどか，後ろかで教員との距離感が変わる．アイコンタクトが可能な距離内にいるかいないかで，授業に巻き込まれていると感じるかどうかが決まる．こうした人と人との距離，人を中心として周囲に広がる空間には，段階的な関係性の変化がある． *近接学*

　エドワード・ホール（Edward T. Hall：1914-2009）という*文化*人類学者は，人と人との距離についての観察をもとに，人体を中心にして段階的に構成される領域について明らかにした． *文化により違うっていうのが面白い*

　密接距離・個体距離・社会距離・公衆距離と大きく 4 分類し，それぞれを近

表 4.2　エドワード・ホールによる人を取り巻く領域の区分

距離の段階		距離の目安※	可能な行為・関係
密接	近接相	15 cm 以下	視覚よりも嗅覚や触覚の印象が強い スキンシップ可能な関係・強い抗議
	遠方相	15〜45 cm	すぐに・偶然、相手の体にふれられる かなり親しい関係
個体	近接相	45〜75 cm	手を伸ばせば相手に容易にふれられる 小声で話をするような近しさ
	遠方相	75〜120 cm	手を伸ばしてようやく相手にふれられ る親しい関係
社会	近接相	1.2〜2.1 m	相手の上半身が見える 仕事やフォーマルな会話
	遠方相	2.1〜3.6 m	同じ領域にいるという感じがする限界
公衆	近接相	3.6〜7.5 m	嫌だと思えばすぐ遠ざかれる
	遠方相	7.5 m 以上	同じ領域にいるという感じはしない

※距離の目安は，フィートで示されていた値を換算

接層と遠方層に区分して，距離の目安とその距離で行われる行為や感覚を対応させた（表4.2）.

距離の区分の目安は，におい，見えるもの，触れられるものに基づいており，きわめて**身体感覚的な尺度**である．ホール自身はこの距離の取り方が文化によって異なることに興味があったわけだが，景観や空間を考える私たちは，こうした段階的な領域構成の存在と，それぞれのおよその目安から学ぶことが多い．人が空間を体験し，他者との関係から行動するという，リアルな身体感覚的をベースにした空間の計画やデザインは，安定的でヒューマンスケールな質を得るために重要である．

プロクセミクス
近接学

● 場・場所・空間

これまで**空間**という言葉を主に使ってきたが，ところどころで「場」や「場所」という言い方もしてきた．これらは似ているが，それぞれどのような違いがあるのだろう．「場所（place）」とは，そこに人がいて，そこを意識している感覚をともなっている状況をいう．つまり人によって体験され居心地をともなう概念である．人が自分の場所と感じられれば「居場所」となる．

さらにそこでの**行為や人に力点**が置かれると「場」と呼ばれる．たとえば「議論の場」，「出会いの場」などであり，その行為や雰囲気を読み間違うと「場違い」となる．

これに対して，「空間（space）」とは，**より客観的にその隙間，空地，余地の**ことを指す．人のことを考えないわけではないが，概念的，学術的，専門的にきちんと議論しようというニュアンスがある．「場所と空間の関係」は，**風景と景観の関係に似ている**.

| 場 | 場所 | 空間 |

活動や関係性に力点がある

人の存在，いるという領域感のあるところ

均質できちんと測れる客観的捉え方

図 4.5　場・場所・空間の概念

　動線や利用の機能の確保を冷静に「空間」としてデザインし，できた空間が人に体験された「場所」となり，さらに活動の息吹きが吹き込まれて最終的に生き生きとした「場」となるようにしたい．

●プロポーション

　スケールを気にしながら空間の分節を行い，計画設計を進めていく際に，**プロポーションにも気を配りたい**．

　プロポーションとは，ある一つの要素における**「部分と部分」**，または**「部分と全体」の大きさの比**をいう．四角形でも縦と横の比によって，安定した印象の四角形から，細長く上昇感のある四角形までさまざまな形となる．

　人体でも頭の割合が大きければ子どものように，小さくなるとスマートな大人の印象となる．つまり，プロポーションとは，**空間や形の印象**に大きく影響する．「形」というと丸や三角，四角，あるいは曲線で柔らかくなどというレベルで考えがちであるが，同じ種類の形でも**プロポーションを吟味することが重要**である．

　かっこよいかどうかの鍵は，プロポーションが握っている．　*ex. 八頭身美人*

> 縦と横の長さの比（プロポーション）の違いによって形の印象が異なる

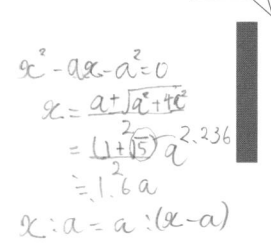

$$x^2 - ax - a^2 = 0$$
$$x = \frac{a + \sqrt{a^2 + 4a^2}}{2}$$
$$= \frac{1 + \sqrt{5}}{2}a \quad 2.236$$
$$\fallingdotseq 1.6a$$
$$x : a = a : (x-a)$$

図 4.6　プロポーションと形の印象

有機的な秩序
「る代」の構造物

　美しいプロポーションの値として，**黄金比（黄金分割：golden section）** と呼ばれる比率がある．全体 x と部分 a の比が，全体から部分を引いた $(x-a)$ と部分 a の比と等しくなるような分割である．近似的には $1 : 1.6$，あるいは $3 : 5$ を目安とすることができる．クレジットカードなど一般的なカードの縦横比はこの値に近い．

　この比は，植物など自然界にある形にも見られ，古代建築の柱の間隔や装飾にも用いられてきた．この値を使えば美しい空間ができるというほど単純ではないが，**「プロポーションのよさ」** ということを考えるときのヒントとして参照することはできる．

- 正方形 abcd を描き，cd の中点から対角線 ed と同じ長さを dc の延長線上にとった点を f とする．四角形 agfd が黄金矩形となる．
- 黄金矩形の短編を一辺とする正方形を黄金矩形から切り取った残りの矩形も黄金矩形となる．
- その正方形の頂点を結んだ線が黄金螺旋となる．

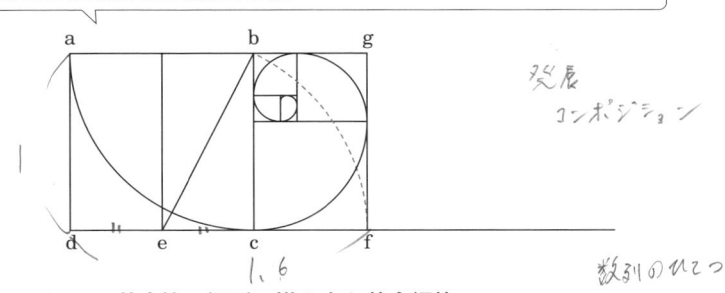

図 4.7　黄金比の矩形の描き方と黄金螺旋

●D/H

空間のプロポーション，特に街路空間の印象の指標となる比に **D/H** がある．

D は街路の幅，H は街路に沿って立つ建物の高さで，「ディー・バー・エイチ」と読む．街路は道路と異なり，通りに沿って建物が連続する．日本では建物の高さや壁面の位置がばらつくことが多いので H の値を決めることが難しいが，ヨーロッパの歴史的都市では，きっちりと街路に沿って高さも位置も揃った建物が並び，囲われた街路空間をつくり出す．その印象は **D/H** と関係が深い．

D/H が 1〜1.5 くらいの値で**適度な囲われ感**が得られ，それより小さいとやや狭苦しいが同時に**親密な印象**となる．D/H の値が大きくなるにつれて囲われた印象は薄れ，4 程度で空間という**まとまりの印象は消失する**．

なお，これもヒューマンスケールな幅の街路に対しての目安であり，高速道路や非常に広い街路に高層ビルが並ぶような場合には適用できない．空間や構造物の形はスケールに関係なく相似的に扱うことはできない．ある形のバランスはあるサイズにおいては成り立つが，そのまま拡大したり，縮小したりするとバランスが崩れるので注意が必要である．

日本の街路で H の値が定めにくいのは，高さの不揃いだけでなく，建物から突き出した袖看板，塀や植栽がまず街路との境界部に現れるためでもある．芦原義信はこの状況について，建物の壁面を **1 次輪郭線**，看板や塀などによる見かけ上の面を **2 次輪郭線**と呼んだ．D/H とあわせてこうした街路の見え方の特色も観察し，どのようにすれば居心地のよい街路空間をつくり，街路の透視形態と

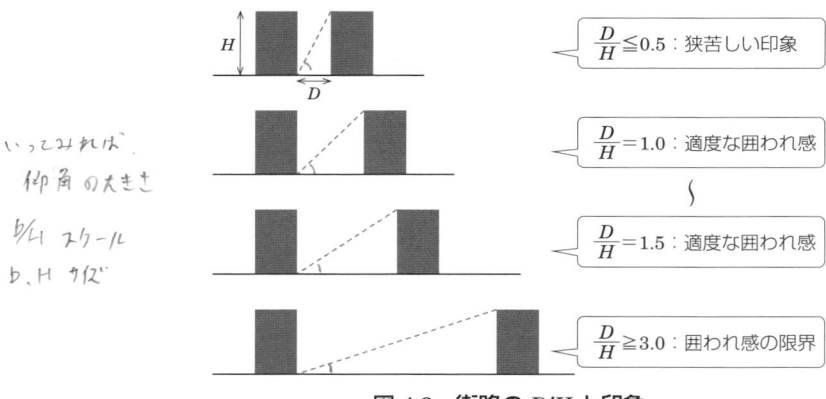

$$\frac{D}{H} \leqq 0.5 : 狭苦しい印象$$

$$\frac{D}{H} = 1.0 : 適度な囲われ感$$

$$\frac{D}{H} = 1.5 : 適度な囲われ感$$

$$\frac{D}{H} \geqq 3.0 : 囲われ感の限界$$

いってみれば
仰角の大きさ

D/H スケール
D, H サイズ

図 4.8　街路の D/H と印象

しての街路景観を整えられるかを場所ごとに考えたい．街路を身体感覚的にも魅力的にするには，単純に電線という「もの」をなくすだけでなく，幅と高さなどのバランスや複数の要素の関係性を調整する必要がある．

●五感で体験する眺め

　以上，空間の身体感覚的な印象を考える際に必要となる基礎概念を説明してきた．ここでは，2 次元の眺めというより，3 次元の空間そのものについての話であった．景観と空間の違いに戸惑ったかもしれない．

　土木の扱う「眺め」は，**奥行きのある 3 次元の空間の視覚像**である．実際の空間の居心地は，目を閉じてじっと味わうこともできるが，空間を眺めることでも読み取れる．また実際に眺めるときには，音や風，足裏で捉える地面の固さ，壁の高さや素材の感じといった，視覚だけでなく五感をともなって体験しているのである．**身体感覚的なアプローチとは，この五感によって体験されている眺めを考えることである．**

音入ってた〜!!

　さらに，実際に構造物を計画設計する際には，眺めよりも空間を操作する．したがって，空間の捉え方や印象についての知識を得ることが，実際の設計でも景観論においても必要であり，この節では主に空間の居心地に関することを述べた．空間に関してはやはり建築の分野が充実している．流行の建築作品を追いかける必要はないが，建築にも興味を広げて「名建築」と呼ばれている作品や歴史的な建物に足を運び，できるだけ多く優れた空間を体感してみよう．

眺めの 空間の中を
仮想的に体験すること

Point!

①眺めのなかで環境を仮想的に体験する「仮想行動」は,「身体感覚的」に景観を捉える手がかりとなる.
②水辺に近づける,近づけそうだと感じることを「親水」といい,水辺のデザインの要となる.

　前節では,実際に身を置くことのできる「空間」についての知識を学んできた.一方,人をとりまく環境の眺めである「景観」には,直接そこへ行くことができない空間の眺め,たとえばずっと遠くの山や川の向こう岸も含まれる.

　これには身体感覚的なアプローチは適用できないのだろうか.

　そうではない.実際に行けなくても,人は,「もし,そこへ行ったらどんな感じだろう」と想像しながら眺めることができる.わざわざ意識して想像するのではなく,気づかないままに,そのように眺めている.

　いま自分のいる位置から自由になって,想像の上で環境を移動し,体験するように眺める.このような眺め方から考えるよい景観は,絵のように美しい景観とはまた少し異なる魅力を味わわせてくれる.

●仮想行動

　スポーツには**イメージトレーニング**という方法がある.実際に体を動かさずに,イメージのなかで走ったり跳んだり投げたりと,さまざまな動作をしてみる.周囲を眺める際にも,目の前に広がる眺めのなかに仮想的に入り込んで,いろいろな行動をイメージする.これを**仮想行動**という.

　「この道をまっすぐ行って丘を超えると視界が開けそうだ」,「あの飛び石を渡っていくと向こう岸まで行けそうだ」,「あの木の下に寝転ぶと気持ちよさそうだ」,「水際まで降りて行って水に手を入れると冷たくて気持ちよさそうだ」など,実際にその行動を取るか(取れるか)どうかは別として,想像のなかで行動してみることができる.それは,私たちのほうから「行けるだろうか」と確かめるというよりは,眺めのほうから私たちにイメージを差し出してくるという感じである.

　つまり,眺めのなかの**要素や空間の構成が仮想行動を誘発する**.気持ちよい仮想行動を誘発してくれる眺めは,魅力的であり,生き生きとしている.

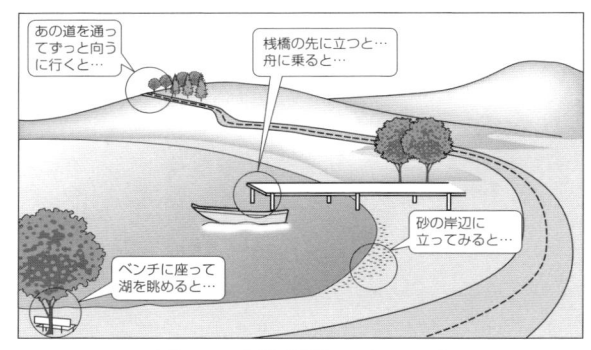

図 4.9　仮想行動のイメージ

図 4.10　庭園には仮想行動を促すデザイン要素があしらわれている（東京六義園）

風景画
囲まれた所と広がった所がある場合が多い

●臥　遊

　風景画の一種に**山水画**がある．山水画は，中国大陸で 4 世紀頃から描かれはじめ，日本でも定着した．多くは山や水辺，点在する里などが描かれる．

　山水画は，その「絵の構図」を鑑賞するだけでなく，「その絵に描かれている空間のなかに自分が入り込んで，さまざまな仮想行動を取ってみる」という楽しみ方を想定して描かれている．5 世紀の中国の画家が，山水画や地図などを部屋のなかで寝転んで眺め，そこに描かれた空間を楽しむという楽しみ方に**臥遊**という言葉を与えた．「臥」とは伏せる，横になるという意味．「遊」は文字通り楽しみ遊ぶことである．イメージのなかで眺めを味わい，音や風，水の感触などを含めてリアルに景観体験をしてみる．そういった楽しみ方である．

　こうした楽しみを誘発する山水画には，ところどころに道，橋，家，船，人などが描かれ，**仮想行動の手がかり**を与えている．実際の眺めでも，こうした要素は仮想行動を誘発しやすく，眺めに味わいを与えてくれる．

●親　水

　水の存在は景観を魅力的にしてくれる．特に日本やアジアでは都市でも田園地域でも，水が重要な要素となっている．都市や地域における水辺を魅力的にすることは，まちづくりに多様な効果を生み出していく．そのためにも水辺の景観をていねいに考えたい．

　ここでは，水辺に近づける，近づけそうだという身体感覚的な特質として，親水について述べよう．「親水」とは，「水に親しむ」の意味である．この言葉は1980 年代から水辺のデザインや公園のデザインにおいてよく用いられるようになった．河川の護岸に階段をつけて水際まで降りていけるようにしたり，ときには河川の上に蓋をしてその上に人工のせせらぎをつくった親水緑道の整備が行われたりした．「水際に近づきたい」というニーズを受けてさまざまな工夫がこの時代に行われた．

（a）都市的な護岸における親水性の高い　　　　（b）人工的に再生された都市のなかの自
　　水辺（広島市太田川）　　　　　　　　　　　　然な河川の柔らかな水辺（横浜市泉川）

図 4.11　親水性の高い水辺のデザイン

　総合的にうまくまとめられたものがある一方，とってつけたようなものもあり成果は分かれるが，水への接近を意図したデザインは常に考え続けたい．

　その際，仮想行動から考えることは効果的である．実際に水際に降りて行けるというだけでなく，おのずと水際に導かれるような起伏による動線，水辺にいる人の姿が魅力的に見える視点場の設置など，多面的なアイディアが仮想行動を考えることから湧いてくる．

　水に親しむ行動を仮想的に誘発する要素を**親水象徴**ということがある．水面に突き出した桟橋や船着き場，飛び石などの人が使う要素だけでなく，水に向かって枝を垂らす柳の木を眺めると，まるでその木が人と同じように見えて，手のよ

うな枝が水に触れる感触を想像することもできる．そのため，これも親水象徴と考えられる．このように，仮想行動の手がかりはかなり広げて考えることができる．庭園のデザインや歴史的な絵図などから親水象徴となる要素の例を学んでおきたい．

図 4.12　親水象徴が描かれた絵図（江戸名所図会）

● アフォーダンス

　仮想行動を介して眺めるということは，**人と環境の間に情報のやり取りがある**と考えることである．「ここの道はこっちのほうに通り抜けできますよ」，「この石は腰かけるのにちょうどよいですよ」というように，環境の側から私たちにメッセージを送ってくれている．こうした考え方を，アメリカの心理学者ジェームス・ギブソン（James J. Gibson：1904-1979）は，「**アフォーダンス（affordance）**」と名づけた．

環境のほうが人間に情報を提供してる．

　心理学（特に知覚心理学）の分野では，環境の知覚は光や音といった刺激を人が知覚してそれに反応するという，**刺激ー反応モデル**とも呼べる枠組みの議論が中心であった．これに対してギブソンは，**人や動物が環境を探索することで「環境が"行為の可能性"という意味・価値を提供する」**という関係性によって環境の知覚を捉えようとした．「アフォーダンス」は，「行為の可能性」を提供する（afford）という言葉に由来する．

　アフォーダンスは，身体を介した人と環境の「**関係性**」として知覚を考えようとするアプローチであり，**景観の身体感覚的アプローチに通じるものがある．眺めのなかに何らかの行動をアフォードしているものを読み取りながら，景観を体験する．その行動がスムーズで，心地よく，楽しければ，その眺めは魅力的だろう．

図 4.13　水際の幅の広い段差は，「腰かけられる」という行動をアフォードしている（パリ）

4.3節 「閉じる・開く」と「見る・見られる」

Point!

①空間の基本は「閉じる」と「開く」であり，囲われた感覚を「囲繞感」，開いた感覚を「開放感」という．
②適度な囲いと開放の組み合わせや視線の交錯は，居心地や賑わいにとって重要となる．

● 空間の基本形式

空間とは，そもそも何もないところである．その空間を感じるのは「柱や壁のように立ち上がるもの」，「屋根のように覆うもの」，「階段や斜面のように床面に方向性を与えるもの」など，**空間を規定するものの存在と配置**によってである．その「空間」の基本的な形式は，「閉じる」と「開く」である．

また，囲まれ包まれているような感覚を**囲繞感**，広々とした感覚を**開放感**という．囲われすぎ，閉鎖されすぎれば息苦しく圧迫感がある．広がりすぎ，開けすぎでは落ち着かない．もちろん，囲繞感が強いほうがよい場所，開放感を存分に味わいたい場所がある．場所ごとに，また一つの場所のなかに両者の適度な組み合わせがあるとき，空間は豊かになっていく．

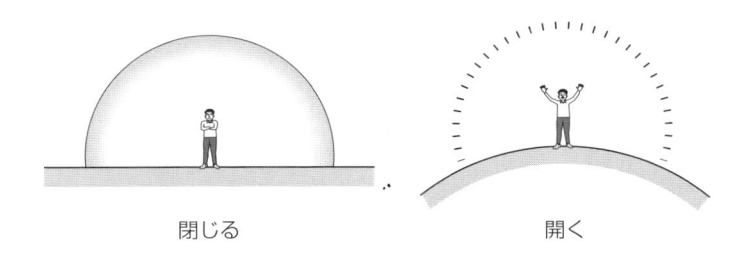

閉じる　　　　　　　　　　　　開く

図 4.14　空間構成の基本－閉じる・開く

● ポジティブスペース・ネガティブスペース

第 3 章で，「図と地の概念」を説明した．形として捉えられる領域が「**図**」であり，形の背景となる領域が「**地**」である．これは 2 次元平面上の図形や「見えの形」についての概念であった．

しかし，この概念を比喩的に空間にも適用して考えることができる．「図」に

相当するのは，空間としてあるまとまりをもっている，つまり「**領域の形**」がつか**める空間**である．これに対して，領域が曖昧で**捉えどころのない空間**もある．「地」が眺めの中で重要な役割を果たしていたのに対して，捉えどころのない空間は，こんなふうに使えるというアフォーダンスをもたず，無駄な（死んだ）空間になりがちである．そのため，まとまりをもって領域の形が摑める空間を**ポジティブスペース**，捉えどころのない空間を**ネガティブスペース**と呼ぶことがある．

　西欧の都市の広場は周囲を建物で明確に囲われていて，はっきりと形のある「ポジティブスペース」が構成されている．それに対して，周囲を街路に囲まれた敷地のまんなかに建物が建っている場合には，建物の周囲に残された空間は残余空間としか呼びようのない「ネガティブスペース」となる．余っただけの空間には方向性もなく，ベンチを置いてもなんとなく落ち着かないため，植栽で埋められてしまったりする．

　凹んだ角の部分を**入り隅**というが，入り隅のある空間はその部分で形がはっき

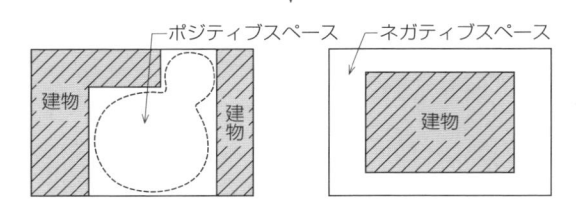

敷地に残された同じ面積の空間．
（左）空間自体がまとまった領域をなす，（右）単なるあまった空間

図 4.15　ポジティブスペースとネガティブスペース

（a）囲われ感があり空間が多様に分節されている

（b）遊具やモニュメントはあるが，空間にまとまりがない小公園

図 4.16　空間の構成は居心地や活動に影響を与える

りと規定されるので使いやすい．建築には「アルコーブ」と呼ばれるデザイン要素があり，落ち着いた場所となる．土木構造物では，建築のように明快に空間を区切ることは多くない．しかし，駅前広場の中央にロータリーをどんと据えると，その周りの歩行者動線がネガティブスペースになってしまうおそれがある．

「このあたり」というまとまりや，背後と前方および溜まりというように，空間のゲシュタルトを意識した構成を考えることで，**居心地のよい空間，仮想行動を誘発しやすい空間**をつくることができる．

● 隠れ場－見晴らし理論

居心地のよい空間，居心地がよいと感じる眺めには，ある程度の傾向がある．それを一つの理論として展開したのが，**ジェイ・アプルトン**（Jay Appleton：1919-）というイギリスの地理学者である．「動物行動学」で著名なローレンツとの議論をヒントにしたアプルトンは，人間にとって**心地よい眺めの形式**を「**周囲から隠れた場所に身を置きながら，周囲への見晴らしを得られる状況**」と考えた．それは動物にとって有利な状況である．自分は外敵から見つからずに，周囲の情報を得られるポジションだからである（図4.17）．

アプルトンは，この考えを多くの風景画に描かれた眺めの空間構成の分析によって検証し，周囲からの視線を遮って身を隠す場所と遠方までの見晴しとの組み合わせから眺めを論じた．これを「**隠れ場**（refuge）**ー見晴らし**（prospect）**理論**」という．

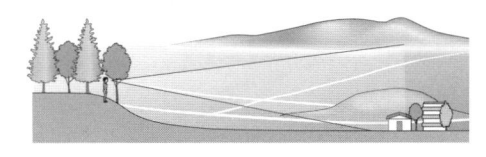

図 4.17　隠れ場と見晴らしのイメージ

アプルトンは，実際にそこで隠れたり，見晴らしを得たりできるかだけでなく，隠れる，籠る，見晴らすという仮想行動を誘発する要素にも着目した．風景画にはこれらがバランスよく配置されている（図4.18）．

アプルトンの理論から，「囲われつつ見晴らしの利くような空間構成

図 4.18　隠れ場と見晴らしの要素を含む風景画（クロード・ロラン「笛を吹く人のいる牧歌的風景」）

を水辺や公園などに組み込みながら設計していくこと」や，「眺めのなかにも隠れ場と見晴らしを想起させる要素を組み込んでいくこと」などの考えを計画設計に導くことができる．

図 4.19　樹木に囲われた視点場とそこからの眺め

●見るー見られる関係

　アプルトンは，「自らは周囲から見られずに，自分は周囲を見晴らせる」という**動物行動的な面から景観を考えた**．これは基本的に一人で眺める景観のよさである．一方，街中やリゾート地など，人々の賑わいが魅力となるところでの眺めには，**人の姿が重要な要素となる**．「臥遊」で楽しむ山水画や，アプルトンが分析対象とした風景画にも点景としての人は描かれていたが，より多くの人の賑わいには，もう少し異なる人の景観が必要である．

　その一つとして，**見るー見られる関係**がある．これは，何かを眺めている人が，同時に誰かから眺められる（自分が誰かの眺めの対象になっていることを感じられる）といった，ある場所に生じる**視線の多様な交差状態**をいう．もちろん，露骨に見られている，監視されているという不快な視線ではなく，場の雰囲気を共有しているという**一体感を支える視線の交錯**である．

　オープンカフェに席をとって通りを行く人々を眺めている人．ストリートミュージシャンの前に輪をつくって音楽を聴いている人たちを眺めている人．広場の噴水のそばで遊ぶ子どもを見守る母親を眺める人．ビーチで楽しむ人たちをベランダで眺めている人の姿が見える遊歩道．

　こうした楽しそうでほのぼのとしていて，かつ社交的な雰囲気が漂う眺めには，輻輳した視線によって，その場にいる人々に「見るー見られる関係」が成立している．このような関係が自然と成立するような**視点場となる空間やしつらえの配置をする**という考え方が重要となる．

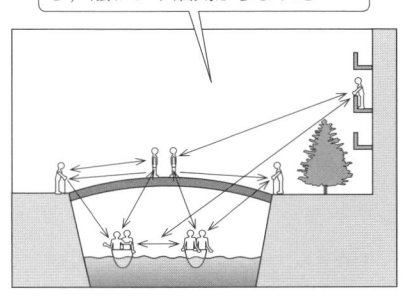

レベル差のある多様な視点場があることで人の活動が視線でつながり，賑わいや活気がうまれる

図4.20　見る－見られる関係

図4.21　ロックフェラーセンターのサンクンガーデン（ニューヨーク）

そのときには，自然な視線の方向（俯角10度）や，人の表情がわかる距離など（図4.2参照）を参照し，定量的な目安を考えよう．また床面のレベル差は「見る－見られる関係」を演出するよい条件となる．立体的な空間利用がなされる都市部においては，**サンクンガーデン**（沈められた庭：sunken garden）という手法がある．冬になるとアイススケート場となるニューヨークのロックフェラーセンターは，最も優れた例の一つといえる．スケートをする人を周囲から見下ろすのは楽しいし，スケートをしている人たちも周囲から見られていることで，パフォーマーとしての楽しい気分を味わえる．この関係性は，橋と水辺，ペデストリアンデッキと駅前広場など土木が扱う施設でも充分適用できる．

●まちを見下ろす丘・まちを囲む山々

さて，ここでスケールを大きくして，地形レベルで考えてみたい．安心できる高いところから周囲を見晴らすのは，誰にとっても楽しい．

展望台は人気スポットである．アプルトンがいうように，**見晴らせる**ということは生存に有利な情報を得るという動物的・本能的なアドバンテージがある．展望台から周囲を眺める人たちは，最初こそ広がる視界に感動しているが，ほどなく「あれは何だ」，「あっちがそっちだ」などと，場所や施設，方向の同定をはじめる．そして自分の知っている場所や施設が見つかると，「あれだ，あれだ」と嬉しくなる．

眺めるという行為によって，目の前の環境が未知の状態から，**知っている状態，把握している状態**になる．それがスムーズにできることで人は**安心する**．その安

心が眺めをよいものと感じさせる．そう考えることができるだろう．

　一方現代では，見晴らしが利かない地上にいるときに，そこがどこであるかはスマホの画面に表示される GPS データに基づいた印が教えてくれる．しかしそれは，地球の絶対座標軸上の「ここ」というポイントであって，周囲との関係性による**身体的なポジショニングの感覚**までは与えてくれない．GPS や正確な地形図などなかったはるか昔から，人々は地球上の地点の同定のために，周囲の山や岬などの地形を使ってきた．

　ランドマークになる山は**方向性**（**オリエンテーション**）を与え，坂や道の曲がり角が，領域の境界の目印となる．海の上で漁師は，島や山の形の組み合わせを手がかりに，海上の位置を記憶した．つまり，周囲の眺め（**視対象**）によって，逆に眺めている場所（**視点**）を認識することができる．このような方法で自分のいる場所が身体感覚的に同定できることは，やはり安心感を与えてくれる．地形や環境と私との間に成立する「見る－見られる関係」である．

　こう考えると，自分の住むまちを見下ろすことができる小高い丘，自分の住むまちの位置を教えてくれる周囲の山の眺めの重要性がわかってくるのではないだろうか．眺めが絵として美しいかどうかではなく，環境のなかで生きている自分や自分がいるまちが不安定なものではなく，地上にきちんと存在するものであること．そうした非常にベーシックな安心感を，これらの眺めは保障してくれるのである．社会がますます複雑で不安定になっていくなかで，眺めの有するこうした基本的な意義を深く考えていきたい．

（a）丘の上の城がまちを見晴らす視点場となっている

（b）城はまちの随所から見えるランドマークであり，まちを見守っているような存在

図 4.22　まちを見下ろす視点場がランドマークになっている例（岐阜郡上市八幡町）

4.4節 シークエンス

Point!

① 「ここ（here）」と「あそこ（there）」の感覚は，景観体験の豊かさを考える手がかりとなる．

② 回遊や移動によって体験される景観は，地域の賑わいやイメージ形成と関係が深い．

本章で考えているのは，「身体によって体験される空間や眺め」である．**体験**というのは時間をともなった概念である．「一瞬の体験」というのもあるが，どんなに短くてもそれは**時間と無関係ではない**．前後があっての一瞬である．

また，ある空間や場所を体験するには，突然そこに降り立つことはできず，どこかからそこへやってきて，またどこかへと去っていく．その過程の一部分が「ここでの体験」として認識される．

第2章の景観の種類の項で，視点の移動の仕方による「三種の景観（シーン景観，シークエンス景観，場の景観）」を挙げた（p.20～p.23）．第3章で扱った視覚的アプローチでは，主に眺めの構図を議論するので，その対象はシーン景観が中心であった．これに対して，第4章の身体感覚的アプローチでは，体で感じる，つまり体験するものとして景観を議論するので，時間をともなったシークエンス景観が中心となる．眺めから感じる居心地や安心感などは，移動してみてはじめてリアルに感じられるためである．そこでこの節では，視点の移動や時間の経過を含んだ景観に関わる概念を紹介する．

●ここ（here）とあそこ（there）

「セサミストリート」というアメリカの子ども向けのテレビ番組で，「**here**」と「**there**」という言葉を教えようとするストーリーがあった．親子が画面の両サイドにいる．子どもがお父さんに向かって，お父さんのいる「あそこ（there）に行きたい」という．お父さんは「おいでおいで」という．子どもが画面を移動して，お父さんのところに行く．

すると，あそこ（there）は，「ここ（here）」になってしまう．子どもはお父さんのいる「あそこ（there）に行きたい」のだ．仕方なくお父さんは子どもから離れてあっちへ行き，子どもに向かって，「さあおいで」と呼びかける．子どもは勇んでそこへ行く．しかしお父さんのいるところへ到着すると，そこはまた

「ここ（here）」になってしまうのだ．それを繰り返すというこのストーリーは，here や there は固定的な場所の**名前ではなく**，「**関係性**」であることを改めて気づかせてくれた．

　私たちは，「ここ」や「あそこ」を常に移動しながらその移動によって空間の相対的な関係を把握し，自分のいる地点，領域，さらに**まち，地域の身体的イメージ**を描き，環境を理解するのである．その基本となる領域の関係が「こことあそこ」なのではないだろうか．　「ここ」と「あそこ」が近すぎない．（いべ強めた？）

　イギリスの建築家ゴードン・カレン（Gordon Cullen：1914–1994）は『都市の景観』という本のなかで，主に歴史的でヒューマンスケールな都市を歩いていくときに目にするさまざまな眺めを取り上げて，それがどのような感覚を人々に与えているかを記述している．そのなかでもカレンは特に，here と there という感覚に注目し，「ここ」という領域の感覚と，「あそこ」という次に向かう領域への期待や興味が，移動するにつれて**次々と変化していく体験の魅力**を大切にしている．そしてそうした観点から都市を魅力的にしていくための空間構成や建物，路面，手すり，植栽などのデザインの着眼点を述べている．

　「ここ」と「あそこ」を適宜分節し，広い空間を大小さまざまな領域から構成することで，そこを貫いていく<u>シークエンス</u>は変化に富み，魅力的になる．いくら歩いても変化のない空間や眺めは単調でつまらない．あるいは唐突に予想もできない変化が次々と現れてくれば，不安や恐怖を感じる．

　予想と期待に満ちた，誘うような連続的なシークエンスを体験できる空間の構成と，それを感じることができる移動の節目となる眺めを考えることで，そこでの景観体験を豊かにしていきたい．

　これは，さまざまなスケールで考えられる．公園のなか，通りと広場のような都市空間の一部といったヒューマンスケールな場合がわかりやすいが，変化する

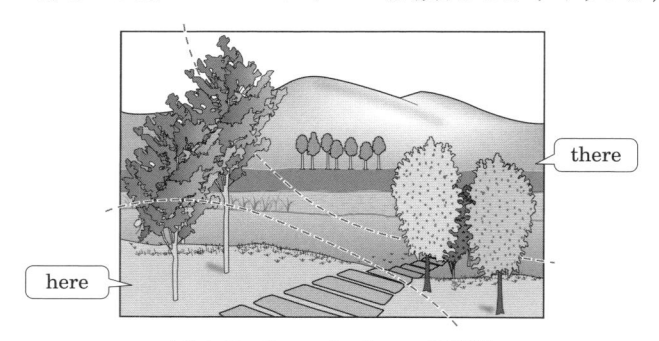

図 4.23　here と there の感覚

地形を縫って進む道路で結ばれる地域の体験のような,「地形や地域のスケール」においても参照できる.

● 回　遊

回遊とは,まちをぶらぶら歩くなど,ある領域内をあらかじめ**ルートを決めずに自由に移動すること**である.日本庭園には,「池泉回遊式庭園」と呼ばれるスタイルがある.池や流れを含んだ庭園に配置された複数の園路を特に順番を定めず歩き回り,変化する庭の眺めを楽しむことができるようにつくられた庭である.特定の視点から眺められることを第一に考えてつくられた庭とは違い,移動するにつれて変化する眺めのそれぞれとその順序に魅力がある.

まちを回遊する際にも同様に,**変化と順番が重要となる**(もちろん前提として道に迷わないという安心感が必要となる).地図をいちいち見なくても,なんとなく中心や方向がわかる空間構成,「こっちに行くとどこ」という感覚を与えてくれる雰囲気や目印があり,その上で「**中心とはずれ**」,「**表と裏**」,「**奥**」のような空間の雰囲気の違いを感じることができると,**回遊性**は高まり,豊かな景観体験ができる.

「回遊性」は,観光地や商店街の賑わいにも直接的に関わる.大型ショッピングセンターでは,売上げを上げるために客の滞留時間を長くする工夫の一つとして,敷地や施設内の**回遊性を高める**配慮がなされている.見通し距離や曲がる回数などで人は空間のつながり具合を記憶するので,まちにおいてもそれぞれが特徴のある眺めとなるような工夫を考えたい.

● 移動景観

回遊は通常歩行による移動に対して議論される.歩行は,立ち止まったり後戻りしたり,急に曲がったりと,最も自由度の高い移動方法である.自転車や徐々に実用性が高まりつつあるパーソナル・モビリティによる移動など,**スローモビリティ**と呼ばれる交通手段においても,歩行の延長線で回遊行動を考えることはできる.

一方,鉄道や高速道路などルートが定まった移動から得られる**シークエンス景観体験**も地域の特色を把握し,印象深い眺めに出会える重要な機会である.ある一定の経路を移動しながら得る景観を,ここでは**移動景観**(移動風景)と呼ぶ.

なかでも鉄道は,運転に気を使う必要がないため,またルートを多くの人と共有できるため,**地域認識の形成**にとって重要な景観体験の機会となる.特に沿線

景観の細部までも認識できるくらいの速度で走行するローカル鉄道からの眺めは，遠景から近景まで多様な眺めを体験できる．

　トンネルを抜けた後の視界の広がり，海が見えた瞬間，山の見え方が少しずつ変化していく様子など，**移動するからこそ体験できる眺め**は，前後との「関係」によって眺め自体の印象が強くなると同時に，移動経路上の場所の感覚を与えてくれる．また臨接空間から隔離された列車という視点から眺めることで，沿線の人々の生活の様子などへの想像も促される．

　映像などを介した擬似的景観体験に触れる機会が増えるなかで，音や振動，加速度といった五感への刺激をともなって，地域の眺めを連続的に体験できる移動景観に注目することは意味がある．「いま，ここ」というアクチュアルな感覚は，ひとつの地点にとどまっていては得られない．移動することで，**大地にしっかりと投錨されている感覚**を味わうことができる．スマートフォンの画面から視線を車窓に移し，その視線を受け止める沿線の景観づくりを考えたい．

(a) 視界が開け美しい田園風景には目がとまる

(b) 走る車への仮想行動が生じる

(c) ランドマークとなる遠方の山並み

(d) 沿線の家から感じられる生活感

図 4.24　ローカル鉄道の利用者が目に留めるのは美しい眺めだけでなく多様な眺め方がある

"スケッチを描いてみよう"

　「あ，きれいだな」と思った眺めに出会うと，すぐにスマホで写真を撮る．その場で SNS に投稿する．多くの人は，風景とのこういったつきあい方が身についていると思う．それも大切な表現方法であるが，簡単に記録されたものは簡単に忘れてしまうおそれもある．ときには，眺めを自分の手でスケッチしてみよう．

　絵を描くのが苦手な人も多いだろう．しかしスケッチはとにかくたくさん描けば上達する．また，上手なスケッチを描くことが目的なのではなく，自分が眺めている対象がどうなっているのかを観察する力を養い，それを表現するスキルを身につけるためにスケッチをどんどん描いてほしい．

　ちょっとしたコツとして，「構図を考えて描く範囲を決める」，「その画面で規準となる水平垂直の位置を見定める」，「それをもとに全体の輪郭を取りながら，描きたい部分から描いていく」．その手順を意識するだけでずいぶんと描きやすくなる．木の描き方などは，いいなと思ったスケッチをまねすればよい．

　また，眺めの構図を描くだけなく，平面図や断面図を手書きで短時間に描けるようになるととても便利である．現地調査では写真を撮るが，写真では空間の構成や構造物の形の組み合わせなどが意外にわかりづらい．水際の道と護岸の状況，橋の桁と橋脚の形などは，断面図を描いて目測の寸法を数字で描きこんでおくと，対象の理解に役立つ．野帳という方眼ノートを使ってさらさらっと現地で記録する姿は，デザイナーとしてもエンジニアとしても，かっこいいものである．

両手で枠をつくり，そこから描きたい眺めの範囲を定める

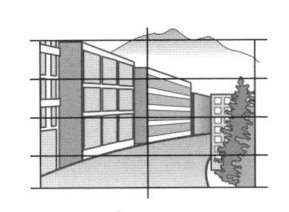

基準線をいくつかとって，それとの関係で主な要素を配置していく

図 4.25　構図のとり方とレイアウトのコツ

● 参考文献

- 高橋研究室 編，かたちのデータファイル，彰国社（1984）
- 日本建築学会 編，建築・都市計画のための空間学，井上書院（1990）
- エドワード・ホール 著，日高敏隆・佐藤信行 訳，かくれた次元，みすず書房（1970）
- 芦原義信 著，街並みの美学，岩波書店（1979）
- 中村良夫 著，風景学入門，中公新書（1982）
- J. J. ギブソン 著，古崎敬ほか 訳，生態学的視覚論，サイエンス社（1985）
- ジェイ・アプルトン 著，菅野弘久 訳，風景の経験—景観の美について，法政大学出版局（2005）
- ゴードン・カレン 著，北原理雄 訳，都市の景観，鹿島出版会（1975）

■さらに学びたい人のために
- オットー・フリードリッヒ・ボウノウ 著，大塚恵一ほか 訳，人間と空間，せりか書房（1988）
- 芦原義信 著，続・街並みの美学，岩波書店（1983）
- イーフー・トゥアン 著，小野有五・阿部一 訳，トポフィリア—人間と環境，せりか書房（1992）
- バーナード・ルドルフスキー 著，平良敬一・岡野一宇 訳，人間のための街路，鹿島出版会（1973）
- カミロ・ジッテ 著，大石敏雄 訳，広場の造形，鹿島出版会（1983）
- ヘルマン・ヘルツベルハー 著，森島清太 訳，都市と建築のパブリックスペース ヘルツベルハーの講義録，鹿島出版会（2011）
- 佐々木正人 著，アフォーダンス入門—知性はどこに生まれるか，講談社学術文庫（2008）
- 中村良夫ほか 著，新体系土木工学58 都市空間論，技報堂出版（1993）
- 伊藤ていじ 著，日本の都市空間，彰国社（1968）
- オギュスタン・ベルク 著，宮原信 訳，空間の日本文化，筑摩書房（1985）
- ケネス・クラーク 著，佐々木英也 訳，風景画論，ちくま学芸文庫（2007）

1960's〜
空間論
ボルノウ（独.哲学者）
「人間と空間」1963.
　・数学的空間　｛等質性
　　　　　　　　　無限性
　・体験される空間 ｛非等質性
　　　　　　　　　有限性
　　　　　　　　忌の木
行う論だな〜.
有限の世界で無限の世界を考えられる.
自分のいる位置etc
優越する原を 軸系 → 水平.垂直.
境界…延長 → 無限
庭様支援とか.回転をしちゃいけない
動く物は.明度.彩度を大きくすると活気がでる
みかげ石の桂のゆらむって 考えたことないち!!

第5章

わかりやすく, 愛着のもてる 地域をつくるために

> 　景観を考える三つのアプローチの最後は,
> 「意味的」観点からである. 地域のイメージ
> や景観の特色を記述し, 人々と共有すること
> で, 地域文化としての景観を育むことができ
> る. そのための考え方を学ぶとともに, 一人
> 一人にとっての景観の価値を考えていく.

5.1節　イメージと景観

Point!

①印象評価の前に，まず環境に対するイメージがどのように形成されるかが重要となる．

②イメージは，「要素の識別と同定」，「要素の関係性」，「意味づけ」の三つの側面から捉えられる．

何度も確認してきたように，景観とは**人をとりまく環境の眺め**である．眺めを通して把握される環境は，いまこの瞬間見えているものだけでなく，過去に眺めた無数の眺めから生成されたイメージとして把握される．まず，このイメージについて考える．

●イメージと印象

イメージとは，「なんとなくこんな感じ」という実に曖昧なものである．「あの人は優しそう」，「この先生は厳しそう」という印象のことをイメージと呼ぶ場合もある．「京都は日本的で和のイメージ」，「大阪はにぎやかで親しみやすいイメージ」というように，都市や地域に対してもその印象をイメージと呼ぶことは多い．

これは同時に**評価**でもある．優しい，厳しいというのも一つの評価である．同様に景観のイメージも印象評価と考えてしまうかもしれないが，ここではそもそも「**イメージとして捉えられる景観とはどのようなものか**」を考える．

イメージとして捉えられない．つまり，よくわからない景観は印象が薄く，評価もできない．まず私たちが環境に対してイメージを持つとはどういうことか，イメージはどのようにして形成されるのかを押さえておこう．

●環境の認識と記憶

目を開けている間は常になんらかの視覚像が得られている．しかしそれは，"動画"に記録するようにすべてを認識しているわけではない．また一つのシーン景観においても，視野に入っている隅から隅までを"スキャン"するように覚えているわけでもない．

知覚された眺めのなかから動物として生きていく上で必要な情報，社会的な生活を営む上で必要な情報，個人的に大切な情報としての眺めが**選択**され，**記憶**されながら**意味づけ**される．そして，それを思い浮かべることによって**イメージ**が

生成されると考えられる（図 5.1）．知覚心理学をはじめとして生理学や脳科学からも知覚や記憶のメカニズムの研究は進んでいるが，私たちはそこまで深入りせずに，景観を理論的に考えるための仮説としてイメージが図 5.1 のように生成されると考え，その上でイメージを分析する際には，

①対象が何であるか，どのような状態であるかという「**要素の識別と同定**」

②それら「**要素の関係性**」

③そこに与えられる「**意味**」

という三側面に着目することができる．

　たとえば，まちや場所について自由に語ってもらうと，どこに何があってそれは何であるという**知識**としての語りと，そこで何をした，そのときどうだったという**エピソード**としての語りに大別される．こうした語りに登場する要素は，他の要素と位置や時間，因果といった**関係**によって関連づけられ，ひとまとまりのストーリーとなり，それに対する印象や評価という**意味**をともなうことが多い．

　もちろん環境のイメージは，視覚像だけではなく音やにおい，動きをともない，さらには聞いたり学んだりしたことなどが渾然一体となって形成されており，それを含めて地域や環境のイメージと考える．

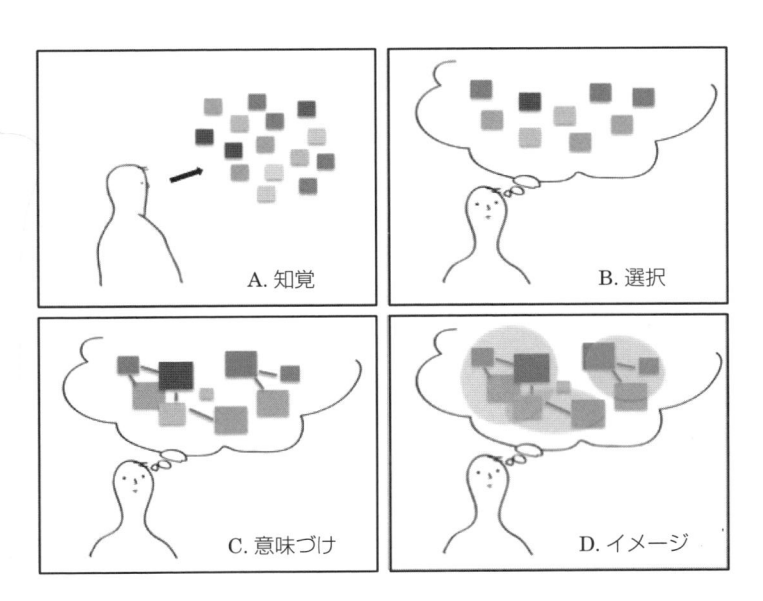

図 5.1　イメージ生成の概念

5.2節 イメージの構造

Point!

①ケヴィン・リンチの著書『都市のイメージ』は，イメージ
　研究の古典的名著である．
②都市のイメージを構成する五つの要素は，インフラの計画
　設計の際に活用できる．

● ケヴィン・リンチの「都市のイメージ」

　人々がまちを，都市をどのようにイメージしているかについて，都市計画の分野から関心を持ち，理論を構築したのはアメリカの都市計画および建築の専門家ケヴィン・リンチ（Kevin Lynch：1918–1984）である．

　MITの教員であったリンチはロサンゼルスやボストンの住民へのインタビュー調査をもとに『都市のイメージ』（原著1960年：日本語訳初版1968年）（図5.2）をまとめた．この本のなかで提唱された理論は，現在でも都市計画，景観計画の分野で参照されている．ぜひ一度通読してほしい．以下にこの本で提示された主要な概念について述べる．

● パブリックイメージ・イメージアビリティ・レジビリティ

　リンチは都市計画家であるから，最終的にはよい都市をつくるために研究を行っている．その際に，実際の都市空間がどうなっているかだけではなく，それが人々にどのように理解・認識されているか．つまり，「どのようなイメージとして頭のなかに描かれているかを把握することが重要だ」と考えた．

　さらにそのイメージがどのようであれば「よいイメージといえるのか」，さらによいイメージをもたれる「よい都市とはどのような都市か」を考えようとした．その際にリンチは三つの概念を示した．

　まず，人によってまったくばらばらのものでなく，多くの人に共通するイメージ，つまりパブリックイメージに注目した．そして，イメージをはっきりと思い浮かべられることをイメージアビリティ（imageability）と呼んだ．さらにイメージ

図5.2　ケヴィン・リンチ
「都市のイメージ」(1968)

の全体構成がわかりやすいことを**レジビリティ**（legibility）とした．

　この三つの概念を用いて，**わかりやすく**（legibility），**想起しやすい**（imageability）**人々に共有されたイメージ**（public image）が存在することが都市にとって望ましいとしたのである．

● 個性・意味・構造

　次に都市のイメージは，三つの側面から捉える必要があるとした．それは，イメージ全体およびそれを構成する要素がもっている他とは区別されるような**特徴や個性**（identity），その要素に対して人々が抱く**意味**（meaning），そして**要素間の構造**（structure）である．イメージの構成要素の個性と構造は空間の姿形として客観的に捉えやすい．それに対して意味は，人々の思い出や記憶に深くかかわるものであるため個人差も大きく，またデータとしても把握しづらい．そのためリンチは『都市のイメージ』のなかでは，「意味は直接扱わない」とした．

● 都市のイメージを構成する五つの要素

　以上の整理をふまえて，**都市のイメージを構成する「五つの要素」**が提示される．**パス**（path），**エッジ**（edge），**ノード**（node），**ディストリクト**（district），**ランドマーク**（landmark）の五つである（表5.1）．

　これらは人々の頭のなかにある地図を描く際の**構成要素**の**種類**といえる．それぞれ表5.1の例に示したような対象があてはまりやすいが，たとえば，街路は常に**パス**になるとは限らない．非常に広かったり交通量が多いために向こう側に渡りづらい街路は**エッジ**としてイメージされる．狭い路地がたくさんあるところは路地が集まっている**ディストリクト**として認識されるだろう．

表5.1　リンチの都市のイメージの構成要素

	特　徴	例
パ　ス path	連続した線状の要素	街路・鉄道・運河
エッジ edge	境界となる線的要素	川・崖・山際 渡るのが困難な道路や線路
ノード node	節目となる点的要素	駅・交差点
ディストリクト district	一様な広がりとして認識される面的要素	住宅街・繁華街・緑地
ランドマーク landmark	方向や位置の手がかりとなる点的要素	塔・高層ビル・山

　つまり五つの要素は，人々が都市で行動するために必要な場所や施設，空間の特徴をどう認識するかによって決まってくる．ひとつながりで連続していてそこを移動するのがパス，そこが領域の境界であると感じればエッジ，立ち止まって行動を転換する節目と思えばノード，だいたい同じような特徴の場所が面的に広がっていると感じればディストリクト，方向や方角を判断する手がかりになればランドマーク，ということである．

　リンチは都市のイメージをこの五つの要素を用いて地図に表し，要素として挙げられなかったところ，間違って認識されやすいところ，つながりが明瞭でないところなどを把握して，それをはっきり（イメージアビリティ），わかりやすく（レジビリティ）するためにどうすればよいかを考えることで，都市計画やデザインの方向性を導けると考えた（図5.3）．

　あるインフラを計画，設計しようとする際に，それが人々の都市のイメージのなかでどのような役割，つまり要素と構造を担うことができるのかを考えることは重要である．それによって具体的なデザインの工夫も変わる．その際に，リンチの理論を参考にして考えることができる．たとえば，パスとしてある延長の街路を認識してもらいたければ，連続した並木を植える，何々通りという名前をつ

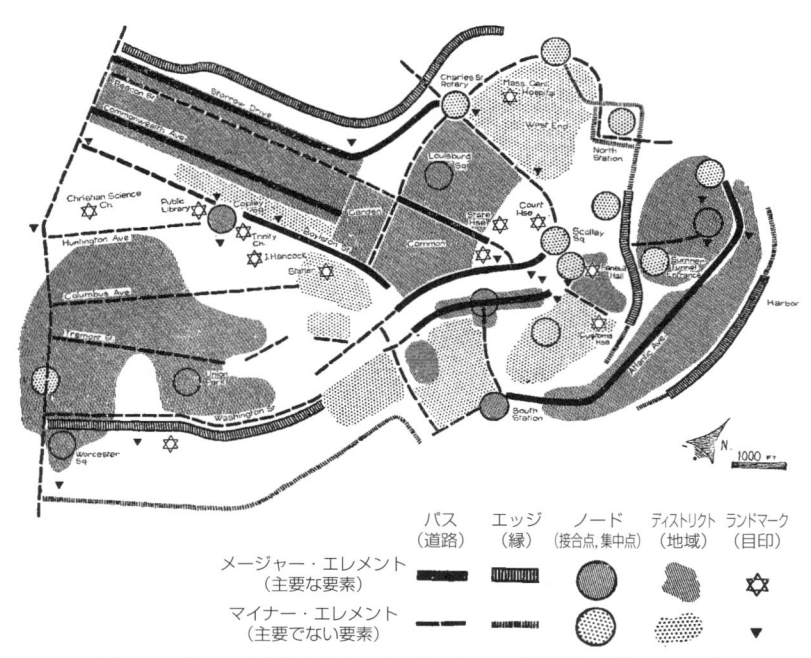

図 5.3　五つの要素で表されたボストンの視覚的形態イメージ

ける，沿道の建物のデザインに共通性を持たせるなどの工夫をすることが効果的となる．また，その途中にある大きな交差点をノードとして記憶してもらいたければ，そこにアイストップとなる大木や建物を配置することが考えられるだろう．

●イメージマップ

　最寄り駅から大学のキャンパスまでの地図を描いてみよう．あるいは家の周囲でもよい．どのような地図が描けるだろうか．インターネットの地図検索やカーナビが日常の道具としてますます便利になっていることで，逆に頭のなかに地図を描く力が衰えているようにも思われる．土木は大地の上に仕事を刻むのだから，地形や道路のネットワーク，地域の空間構造を自分の頭のなかでリアルにイメージする力はとても重要である．ときにはスマートフォンに頼らず街をあるいてみよう．

　さて，駅からキャンパスまでの地図は描けただろうか．それが君の頭のなかにある地図，**イメージマップ**あるいは**認知地図**と呼ばれるものである（図5.4）．

　どれくらいの要素が描かれているか，さらにはそこに描き込まれた要素に対してどのような情報あるいはエピソードを語ることができるだろうか．要素が多

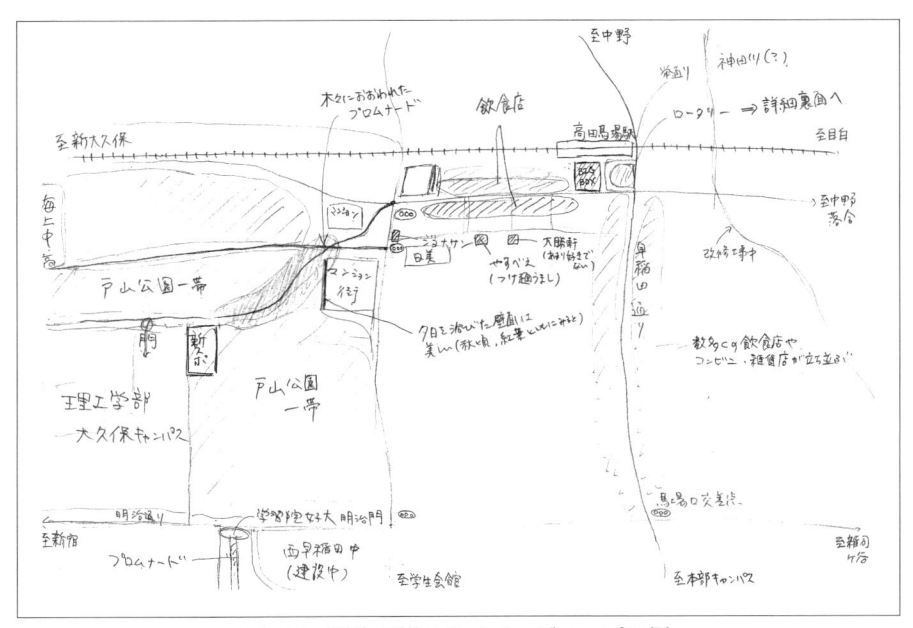

図 5.4　学生が描いたイメージマップの例

く，語れることが多いほど，イメージは豊かであると考えられる．逆に描き込める要素がとても少ない，思い浮かばないようであれば，その地域に対する君のイメージはあまり豊かとはいえない．もちろん地図を描くことが得意な人と苦手な人がいて，頭に浮かんでも描けない場合もある．しかし土木を学ぶ人は頭のなかにある地図を描く力を身につけて欲しい．

●イメージを捉える手法

イメージマップは，人々の頭のなかにある**地域の空間的な構造**（要素とその関係性）を把握するツールとして，調査や研究にもよく用いられる．このイメージマップに描かれたものを，リンチの五つの要素に分類して構造を把握する，あるいは多くの人に描かれた共通する要素は何かを調べることで，パブリックイメージを捉えるのである．

また，**エレメント想起法**と呼ばれる手法がある．これは地図に描くのではなく，ある事柄や地域に関して思い浮かぶもの（場所や施設の名称など）を順番に挙げてもらう手法である．この方が地図を描く能力に左右されず簡単であるが，要素の関係性はつかめない．

まちには代表的要素が複数あるように思われるが，多くの人が共通して挙げる要素は意外に少なく，上位の要素の次に挙げられるものは急速にバラけていく傾向がある．

その他，人々が地域に対して抱くイメージを調査するには，インタビューによる発話や地域を紹介した**文字資料**（テキスト）を用いることもある．文章のなかで用いられている語句の数や頻度，結びつきを分析する**テキストマイニング**と呼ばれるツールによって，大量の文章から何らかの傾向を摑むことができる．

また，ブログという形で多くの人が自分の言葉を発信している状況を利用して，ブログに対するテキストマイニングを行う**ブログマイニング**という手法もある．一方，少数の人に，それぞれじっくりと地域のことや，地域で生きてきた思い出を語ってもらい（**オーラルヒストリー**），そこから手がかりを得ることもできる．ケヴィン・リンチの『都市のイメージ』は統計的な調査からではなく，個別のていねいなインタビューから導かれた．

いずれにしてもイメージは直接把握できないため，どのような手法でそれを把握するかによって結果が大きく変わってしまう．簡便なアンケートや質問の答えをそのまま鵜呑みにしてしまうと，メディアに登場する要素などに代表されてしまいかねないので，注意しよう．

5.3節　名づけと描写

Point!

①景観を記述する言葉を知ることで，環境の眺め方は変化する．

②デザインのためには，デザインに関するボキャブラリーを増やすことが重要である．

　前節では，現在の人々の頭のなかにあるそれぞれのイメージについての議論だったが，ここでは時間の蓄積のなかで人々によって形成され，共有されてきた**文化としての景観の認識**について述べる．

●名づけとサピア・ウォーフ仮説

　何かを考えて人に伝えるためには言葉が必要である．言葉は，ものや状態や概念に名前をつけることからはじまる．言葉とそれが指し示す「もの・こと」の対応関係が安定し，共有されているから，言葉を通して考えたり，コミュニケーションをとることができる．**眺め**に対してもそれを表現するさまざまな言葉がある．その言葉は対応する眺めについての**関心の深さや価値観を反映**したものとなる．

　たとえば，雨に対して，日本語には小雨，霧雨，春雨，土砂降り，にわか雨，お天気雨，夕立，霙など多くの言葉がある（表5.2）．月に対しても，満月，半月，三日月だけでなく，十六夜，立ち待ち月，居待ち月，おぼろ月，上弦の月，下弦の月など，形や見え方を区別して，それぞれに対して名前を与えている．

　このことは，雨や月に対して，日本人が強い興味と関心をもっていた証である．逆に北極圏に暮らすイヌイットは，白という色をより細かく区別して，それぞれに名前を与えているという．たぶん私たちには見分けがつかない区別が彼らには重要な関心事なのだ．

　対象を区別して認識するために名前をつけ，言葉が生まれるわけだが，逆にその言葉があることで，世界をその言葉の示す見方で認識することになる．言語学において，**サピア・ウォーフ仮説**と呼ばれる仮説がある．

　簡単にいえば，**人は言葉を通じて世界を認識する**という考え方である．たとえば，犬の鳴き声には「わんわん」という言葉が日本語にあるので，私たちには「わんわん」と聞こえる．一方，英語では発音の異なる「bow bow」と表現されるので，英語をネイティブとする人には日本人と違った音に聞こえていると思わ

表 5.2　さまざまな雨の名前

強さ・量	微　雨	霧のように細かい雨
	小　雨	地面が濡れる程度の雨量の少ない雨
	並　雨	水たまりをつくり道に流水ができる程度の雨
	強　雨	雨線がはっきり見え，雨音も激しく聞こえる
	大　雨	雨音が他の物音をかき消すような雨
振り方	霧　雨	霧のように細かい雨がけむるように降る
	糠　雨	細かく糠のような状態でけむるように降る
	糸　雨	糸のように細く見える状態で降る
	長　雨	しとしとと降り続く状態．物悲しい思いで見つめられる
	通り雨	上空にある雲からひとしきり雨が降り，すぐに晴れ間が見える
	俄　雨	急に降り出して短時間にやむ雨
	夕　立	夏の夕方などに俄に激しく降りくる雨
	白　雨	激しく降る雨がぱーっと白く見える様子
	雷　雨	雷をともなった雨
	驟　雨	急激に降り出し，ざーっと降ると急に止む雨
	車軸を流す雨	車軸のような太い雨がすさまじく降る様子
	狐の嫁入り	空が晴れていて雨がばらつく状態
季節	春　雨	けぶるように降る細かい雨
	梅　雨	6〜7 月にかけて降る長雨
	五月雨	旧暦の 5 月頃（現在の 6 月）に降る雨
	秋　雨	秋に降る雨
	秋　霖	秋の長雨
	時　雨	秋から冬に降る雨．暮れる雨の意もある
	氷　雨	冬に降る冷たい雨

れる．こうした言語学における仮説は，眺めに対してもあてはまると考えられ，生理的な視覚像とは別に，どのように見えているかは，その**眺めに関わる言葉，知識によって異なる**と考えられる．そのために，眺めに対する言葉を調べることで，何をどのように眺めているか，その特徴や違いを知ることもできるのである．

●地名と景観

　景観とは人をとりまく環境の眺めであり，基本的には屋外の大地の上の眺めについて論じている．大地の上で人が生活していくためにある地点やエリアを他と区別して「ここ」，「あそこ」と記憶し，さらにそれを他の人と共有するために名前をつけたもの，それが**地名**である．したがって地名は，その地点やエリアの特徴や意味を認識しやすい語を使って名づけられていることが多い．新規に開発された住宅団地などではそこから連想されるよいイメージの語を使ってデベロッパーが名前をつけるが，古くから人々が生活してきた集落やそこから発展してきた都市には，**場所の機能や特質を伝えるための名づけ**がなされる．

　地名に使われる語には，地形の状態から丘や久保（窪），水の状態から津，沼，

井などがあるように，固有名詞としてだけでなく，広い地域に共通するものがある．そこには，**災害に対する警告となる情報**も含まれている．自分の住む町の地名を，地名事典や市誌（自治体ごとにまとめられている地域の総合的な歴史書，○○市（町）史という場合もある）などで調べてみよう．

　地名のなかには，そこの景観的な特徴を読み込んだものもある．固有名詞だけでなく，「こういう場所をどう呼ぶか」という意味での普通名詞としての地名もある．追分（街道の分岐点），馬の背（両側が深い谷になった尾根），谷戸・洞（小さい尾根と谷が入り組んだ地形の谷の空間），薬研坂（いったん下ってまた登る坂・薬となる植物などをつぶすために使われた薬研という道具に形が似ているため）など，なかなか味わいのある名前がある．

　いつでもだれでも地図が使えるようになったのは，人類の歴史でいえばごく最近のことである．地図が手元になかった時代に，人々はどのようにして場所を記憶し，理解していたのかを想像してみよう．眺めを見分けて記憶する能力は，現代人よりもずっと高かったのではないだろうか．その人たちの経験と知恵が詰まったものが地名である．地名に関心をもってまちや地域を眺めれば，気づかなかった特徴をきっと認識できるだろう．

●デザイン・ボキャブラリー

　英語の勉強をするために，単語をたくさん覚える努力をしたと思う．語彙，つまりボキャブラリーが豊かであれば，それだけ多くの，また内容の深い文章を理解したり書いたりできる．景観を考えたり，計画したり，デザインするためにも，それに関する**語彙を増やすことが必要**となる．何かをつくっていくというデザイン行為に使われる語彙を**デザイン・ボキャブラリー**という．これには，対象とするものの部位や種類の個別の名称，さらにはデザインの技法から考え方に対するものまで，幅広く存在する．

　まず対象の名称として，パーツの特徴などを区別するための名称がある．石積みを例にとれば，石の種類（御影石，大谷石などの素材名），積み方の種類（練り積み・空積み，谷積み・平積み・乱積み），石の形状（玉石・切り石，見地石），石の表面の加工（叩き・割り・磨き），石積みの部位（根石・笠石・裏込め・グリ）などである（図5.5）．

　次いで，形や空間のパターンや技法の呼び方がある．雁行（ジグザクな平面形），見え隠れ（シークエンスのなかで注目対象が見えたり隠れたりすること），生け捕り（遠方の視対象を構図のなかに効果的におさめること）などである．

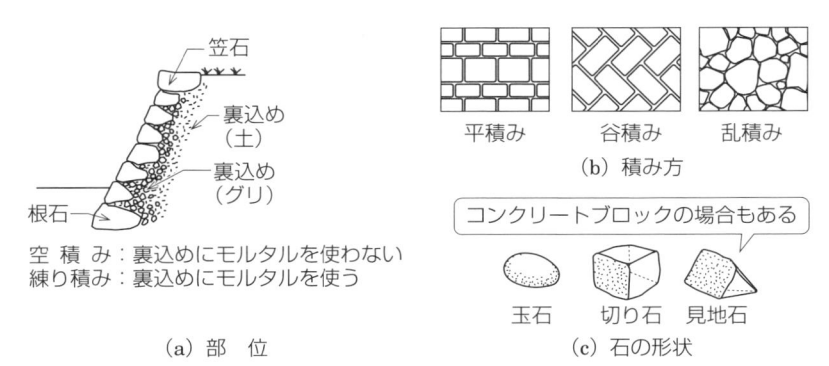

空 積 み：裏込めにモルタルを使わない
練り積み：裏込めにモルタルを使う

（a）部 位　　　　　　　　（c）石の形状

図 5.5　石積みに関するボキャブラリー

　さらにデザインの考え方として，ある種の規範（手本，モデル）を示す語彙がある．たとえば，「**真・行・草**」である．最も格が高くフォーマルな「真」から，身近で日常的，個人的な状況で使われる「草」への段階を区別するという考え方であると同時に，それぞれに対応した形（スタイル）を示すものだ．

　書道で書く字体にもあるように，真は楷書でくっきりと，草はかなり崩され，省略された文字である．フォーマルな文章は真体で，個人的な手紙や文学などは草体で書く．こうした区別と価値観，そして使い分けの慣習が文化として共有されてきたために，「真・行・草」という語彙がある（図 5.6）．

　空間表現以外の分野から生まれたボキャブラリーを空間の構成デザインに応用することも可能である．たとえば，雅楽から生まれた**序破急**（音楽のテンポの構成），漢詩の構成から生まれた**起承転結**，非日常と日常を指す**ハレとケ**（祭りなど特別なときをハレ，普段の生活をケという）なども，ときに発想のヒントとなる．逆にいえば，これらのボキャブラリーを学ぶことで，その背後に育まれてき

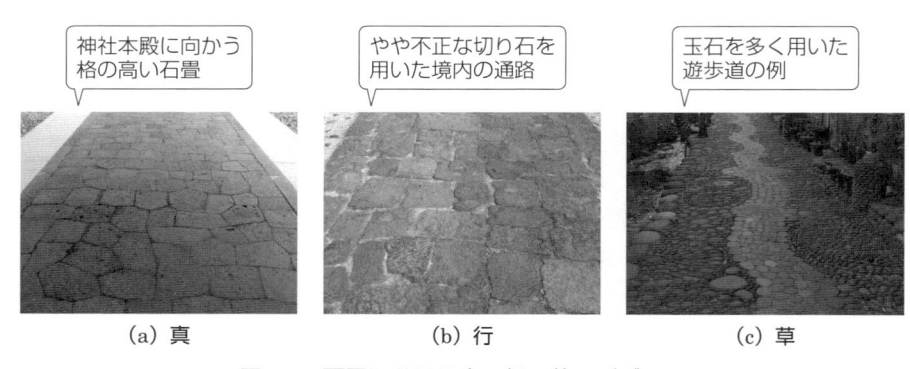

（a）真　　　　　　　　（b）行　　　　　　　　（c）草

図 5.6　石畳における真・行・草のデザイン

た考え方や知恵を得ることができる.

●アイデンティティ

「らしさ」ということに対する関心は,ますます高まってきているように思う.「ここにはどういう特徴があるか」,「その雰囲気はどう現れているか」,人に対しても「キャラ」という語でその人を位置づけることが多いのではないだろうか.実際には,人も地域も**多面性**をもっていて,そう簡単に特徴をいい表すことはできないはずである.しかし「らしさ」や「キャラ」として言語化された特徴を対象に与えることで,それを通して地域や人を理解する(理解したような気持ちになる)ことができる.グローバル化や価値観と選択肢の多様化が進み,対象と自分との関係を把握しづらい社会の処世術として,「らしさ」や「キャラ」で対象をくくる傾向が強まっているのかもしれない.

しかしここでは,もう少し深くていねいに考えてみたい.

個性,らしさ,キャラなどと呼ばれていることは,**アイデンティティ**に関わってくる.「アイデンティティ」とは日本語では「自己同一性」と訳され,心理学分野で生まれた言葉である.「自分とはどのような存在であるか」,「それは他の何かではなくこれである」という認識である.そもそもこうした認識が生まれ,また注目されるということは,アイデンティティが無意識のうちに確立されづらい,あるいはかつてあったアイデンティティが危機に瀕しているためといえよう.「私は誰? ここはどこ?」というフレーズが,その不安を表している.

そうした社会状況において,景観という大地の上に展開される眺めを通して,地域やそこに生まれ,暮らす人のアイデンティティを安定的に確認できることは,ますます重要になるであろう.

わかりやすいシンボルやキャラクターで地域の個性や特徴を表現してしまうだけでなく,大地の眺めやそこに営まれてきた人々の知恵の集積,地名に込められた場所の認識など,多面的に読み取ることが重要となる.

●絵はがきと名所図会

旅行先で**絵はがき**を買って,家で待つ家族や友達に「ここに来ました」という手紙を書いたことがあるだろうか.今では Facebook や twitter に写真つきで,「いまここにいるよ」と一瞬で伝えることができる.しかし観光地にはいまだ多くの絵はがき,あるいはアートのようなオシャレなポストカードがたくさん売られている.時代とともに使われ方も表現も変化しているが,絵はがきは,その地

域を第三者に伝える視覚的なメディアとして永らく存在し続けている．

　誰もが写真を撮れるわけではなかった時代，絵はがきはその場所のイメージを伝える貴重な存在だった．したがって何がどのように写されているか，描かれているかは，その地域のパブリックイメージを反映していると考えられる．

　さらに時代を遡り，江戸時代後期には日本各地に**名所図会**と呼ばれるものが発刊されていた．地域の名所を描いた絵と説明を加えたもので，いまでいう観光ガイドブックのような役割を果たしていた．そこに描かれている眺めも，当時の人々がどのようにそのまちや地域を眺め，楽しんでいたかを伝えてくれる貴重な資料である．そのため景観研究の分析対象資料として用いられることも多い．

　絵はがきにしても名所図会にしても，たった1枚だけでなく複数毎による**集合的イメージ**によって地域の特色が伝わってくることに注意したい．また，**地域アイデンティティ**が表現されたものとして，これら絵はがきや名所図会を位置づけ，「何が眺められているのか」と同時に「どのように眺めているか」をていねいにみていくと，**地域イメージ**の捉え方に対するさまざまなヒントが得られる．

　たとえば，興味対象を捉えるアングルや同時に描かれている要素（前景になる水面，季節感を表現する植栽など），時刻や季節の変化（夕景，夜景，四季の変化），そこで活動している人の姿，ディテールへの接近などである（図5.7）．これらは，一言で何々と言葉で表現できないが，人々が思い浮かべるイメージの重要な表現と考えられる．

図 5.7　名所図会に描かれた人々の姿（江戸名所図会：富士見茶屋）

5.4節 伝統的景観

Point!

①伝統的な景観の眺め方の代表的なパターンとして八景式がある．
②歴史的な景観の概念は，時とともに広がってきた．

　前節では，主に言葉によって表現され，伝えられてきた景観や地域の特色について述べてきた．すでにそこには，「歴史的評価に耐えて生き残ってきた」という評価が含まれていたが，さらにそれが文化的な価値として語られる場合をみていこう．

●集合表象

　社会学者の**デュルケーム**（Émile Durkheim：1854-1917）が提唱した**集合表象**（**集団表象**，**集合意識**）という概念がある．これは，社会を構成する個々人の意識の総合とは異なる形で「**その社会集団に共有される意識がある**」とするものである．法や規則で定義されているわけではないが，なんとなく人々が共通にそうだと感じていることといえよう．

　この概念を景観の分野で参考とするならば，ある眺めに対して社会の人々が共通に抱く意識，あるいはその意識を代表するような眺めがあると考えることができる．たとえば**富士山**は日本を代表する山（眺め），田んぼが広がる**田園風景**は日本のふるさと，**超高層ビル**が林立する眺めは現代都市，というような場合である．先に述べた絵はがきや名所図会も，集合表象とみなすことができる．

　しかしこれらは時とともに変化し，**必ずしも以前からそうであったわけではない**．棚田はいまや日本人が好む「日本のふるさと」の風景のように思われているが，2000年頃には棚田という言葉を知る人も非常に少なかった．何らかのきっかけによってあたかもそれが当たり前のように認識される傾向が集合表象にはあり，特に現代ではその変化，展開のスピードが速い．

　そのことに留意しながら，何らかのイメージを代表する景観や伝統的と評される景観について考える必要がある．

日本三景と八景式

松島（宮城県），**天橋立**（京都府），**宮島**（広島県）．この3か所を**日本三景**と呼び，日本を代表する**名風景**とされている．いずれも海岸沿いであり，松島は多くの島があり，天橋立は細い砂州が伸び，宮島には厳島神社の鳥居が海中に立つ．どの場所も視点を移動させることによって多様な見えの形を得ることができる．

しかし，これがいつ頃，誰によって，どのような観点から選ばれたのかは不明である．個別には中世から和歌に詠まれたり，絵に描かれていたりはしたが，三景として選別したことについては，文献としては『日本国事跡考』（1643）に「**三処の奇観**」として言及されているのが古いとされている．

一方，**八景式**とは，一つの領域から八つの優れた景観を選んでワンセットにするという，景観の価値づけの手法である．発祥は中国湖南省の洞庭湖に注ぐ瀟水と湘水という河川周辺から八つの眺めを選び，**瀟湘八景**としたものである．その

(a) 粟津の晴嵐　　(b) 堅田の落雁　　(c) 三井の晩鐘　　(d) 瀬田の夕照

(e) 石山の秋月　　(f) 唐崎の夜雨　　(g) 比良の暮雪　　(h) 矢橋の帰帆

図5.8　八景の構成（近江八景　魚栄坂　歌川広重）

眺めには，地名と時間や点景を組み合わせた名称が与えられている．瀟湘八景は中世に山水画の画題として日本に伝わったが，その後，この八つの眺めの捉え方にならって，琵琶湖周辺の**近江八景**（1500）（図5.8），神奈川県の**金沢八景**（1670年代）が選ばれた．

　つまり「八景式」とは，**景観の捉え方**であり，**鑑賞方法の型**である．地名や構造物によって場所を決めるとともに，音，動き，時刻，季節に意識を向けた眺め方である．たとえば，瀟湘八景の「平沙落雁」は，近江八景では「堅田落雁」となり，「平沙」，「堅田」がそれぞれ地名，「落雁」は秋に雁が飛んでいく様子を表している．

　この鑑賞方法は，地形や構造物などの固定的なものの姿形だけでなく，変動する要素とともに眺めること，逆にいえば**眺めから季節や時刻のうつろいを感じ取り，楽しむ**というものである．

　また，一定の地域から複数の眺めを選び，地域を巡るように鑑賞することを促す．そして，瀟湘八景というオリジナルの地に琵琶湖や金沢を**見立てる**ことで，目に見えている眺めから遠く離れた地への想いを重ねながら眺める．

　以上のように八景とは，眺める主体の**意識や想像力によって成り立つ鑑賞方法**であることに注目したい．一方，いったんこうした価値づけられた眺め方とそれにあてはまる対象が決められると，眺める人はそれに縛られてしまい，新しい発見や自分なりの楽しみ方を開発しづらくなって，パターン化された見方で特徴を了解してしまう危険もある．

●白砂青松

　日本の海岸風景として伝統的に評価されてきたと考えられているものに，**白砂青松**がある．白い砂浜にそって青々とした松林が続く．そういったイメージがこの言葉から浮かんでくる．この言葉がいつ誰によってはじめて使われたかは，はっきりしない．

　白い砂浜，松の緑はそれぞれ個別に万葉集にも歌われており，千年以上前から意識が向けられてきた**視対象**といえる．この両者をセットにして眺めていると思われる記述は，14，15世紀の紀行文にみられるという．19世紀には複数の場所で海岸沿いの松林の眺めをていねいに記述している．

　このように，永らく興味の対象となってきたこの**海岸景観**の一つの型は，明治以降慣用的に「白砂青松」と呼ばれ，1987年には「**日本の白砂青松百選**」が林野庁関連の組織によって選定された．こうして伝統的な海岸景観として広く人々

に認識されている（図5.9）．

　同時に，その実際の眺めについては，「ただ白っぽい砂浜と松林がある」という単純な認識にとどまってしまう傾向もある．近代以前には，特徴のある松を見分けてその枝振りに注目したり，松林のなかから海を眺めることなど，よりていねいで多様な眺め方，楽しみ方がされていた．

　つまり，ひとたび景観の型が定着し，明快な言葉で語られると，**眺め方が表層的なワンパターンに陥ってしまう**という危険性もある．

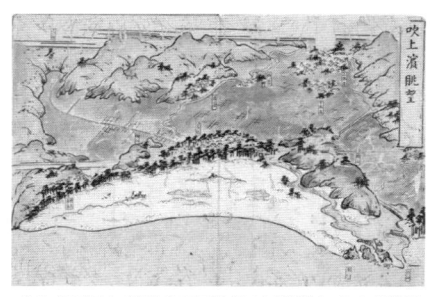 

（a）砂浜と変化に富む松林が描かれた絵図　　　　　（b）新しくつくられた白砂青松
　　　（兵庫県吹き上浜）　　　　　　　　　　　　　　　　（東京都お台場）

図5.9　白砂青松の景観

● 名　所

　名所という言葉は，現在では，桜の名所，蛍の名所というように，何かで有名な所という意味でもっぱら使われる．前節の絵はがきの項（P.93）で述べたように，江戸時代には名所図会と呼ばれる地域の優れたところを紹介するメディアが各地でつくられた．当時も，有名な場所，他に比べて優れた所として名所は捉えられており，現代より娯楽の種類が少なかった時代に，その場所を日常的にも訪れることは，人々の重要な**レクリエーション**であった．

　名所は，水辺，大地の端，坂，辻，橋といった**地形の変化点や空間の結節点に**立地していることが多い（図5.10）．こうした地点は，**ランドマーク**になる山や城などがみえる，そこ自体が**ノード**となる，町屋が並ぶ**ディストリクト**を見晴らすなど，ケヴィン・リンチの都市のイメージを構成する五つの要素として人々の記憶に残るポテンシャルをもっている．

　こうした都市の要となる場所の様子を描いた絵図には，眺望の広がり，目を引く建物や樹木といった視覚的な美しさや特徴とともに，そこでの人々の楽しそうな様子がみてとれる．水辺に面した建物で飲食をしながら窓の外を眺めている

人，船遊びをする人，丘の上から遠くの景色を楽しむ人，あるいはまちの活気を感じさせる働く人など多様な人の姿が描かれ，絵図を見る人の**仮想行動**を促してくれる．つまり，身体感覚的な魅力がそこに溢れている．また，歴史的な由緒やいわれ，かつて歌に詠まれたといった知識が文書によって提供され，狭義の意味的な価値づけが行われている．

　このように名所は，都市のイメージを捉える重要な場所に立地し，その場所は眺めとしての魅力，そこで展開される行為や場面の魅力，文学や歴史への想像力を膨らませる魅力といった景観を捉える三つのアプローチをいずれも満たしている．そのことが名所といわれる所以と考えられる．現代において名所をつくろうとすれば，これらの条件を満たす立地選定とデザインの工夫によって，複合的な価値を生み出す必要がある．

（a）地形の変化点とそこからの眺望（左：霞がせき，右：湯しま天神坂上眺望）

（b）水辺の名所には多様な視点場がある（左：日本橋雪晴，右：お茶の水水道橋）

図 5.10　名所として描かれた特徴のある場所

●歴史的町並み

　歴史的な町並みは，いまや人気の観光スポットである．瓦屋根，格子戸のある木造家屋が並ぶ通りの眺めは，まるで時代劇の世界に足を踏み入れたかのような非日常的な感覚を与えるのかもしれない．しかし，こうした歴史的町並みは以前から価値あるものと認識されていたわけではない．

　高度成長期には道路拡幅などで次々と壊され，建物も近代的な素材で改修されたり，建て替えられていった．そのなかで歴史的な町並みの保存運動の声が上がり，多くの人の努力の末に，文化財保護法のなかに**伝統的建造物群**という新しい文化財のカテゴリーが加えられたのは 1975 年のことであった．それ以降，**重要伝統的建造物群保存地区**（略して伝建地区）の数は徐々に増加し，2014 年には全国で 100 か所を越えた．

　また，歴史的な町並み，歴史的景観の評価は，社会とともに変化する．保存のためのしくみや技術も時とともに展開し，歴史をどのように残すか，継承するかの考え方も変化している．創建当時のオリジナルな状態を忠実に残すことを重要視する考え方から，時代に合わせた変化を許容しながら使い続けることを重視する，さらには現代的なデザインとのコンビネーションによって新たな価値を付与するという考え方もある．したがって，一口に歴史的，伝統的な町並みといわずに，それがどのような履歴を辿って歴史的にみえているのかをていねいに観察する必要がある．日常にはない珍しいものとして歴史的町並みを捉えるなら，それはテーマパークになってしまう．そうではなく，人の暮らしの場の蓄積として歴史的景観を読み解き，その継承を考えることが必要である．

●文化的景観

　伝建地区は伝統的な建造物群とその周辺環境という，面的な広がりに対して指定されるものだが，より広く，環境のなかで営まれた人々の生活の特色が現れた景観を評価するために**文化的景観**という概念が生まれた．文化財保護法のなかに2004 年に位置づけられ，「地域における人々の生活又は生業及び当該地域の風土により形成された景観地で我が国民の生活又は生業の理解のため欠くことのできないもの」と定義されている．**重要文化的景観**として棚田などの田園景観，漁村集落の景観，河川沿いに展開してきた水運や文化活動の景観，鉱山の景観などが指定されている（図 5.11）．

　文化的景観は，伝建地区よりも範囲が広く，対象となる景観構成要素の種類も

（a）中世から続く田と集落

（b）田植えの神事が受け継がれている

図 5.11　重要文化的景観に指定された田染荘（大分県豊後高田市）

多様である．また，生活や生業によってつくられ維持されているものであるため，建造物などの**ものを残すだけでは保存できない**．文化的景観を文化財保護というしくみのなかで保全していくのは，その景観を成り立たせている特徴ある知恵，技術，文化を保全するためである．したがってその担い手である**人々の生活，コミュニティが維持されなければ，文化的景観は保全できない**．

近代以前から継承されてきた知恵や技術，文化を現代において保全，継承するのは難しい．そこで暮らす人々に江戸時代のような生活をしてもらうわけにはいかない．変化しながらも，その地域固有の環境（風土）における人々の営みの結果として現れてくる景観の価値をどのように評価するか．眺めとしての珍しさや美しさだけでなく，**眺めの背後にある意味**を深く読み取ることが必要である．

●世界遺産

世界遺産に登録されることは，いまや地域にとって一大イベントである．登録に向けて行政も市民もさまざまな努力をしている．めでたく登録されれば，その地域は有名になり，観光客も押し寄せ，地域は活性化する．あるいは旅行に行く際にも，世界遺産をみたいという人は多い．

世界遺産とは，**ユネスコの世界遺産条約**（世界の文化遺産及び自然遺産の保護に関する条約）を批准した国が登録を希望する遺産をユネスコに申請し，審査されることで決定する．世界遺産条約は 1972 年につくられ，日本は 1995 年に批准した．人類が共有すべき普遍的価値をもったものが，**自然遺産，文化遺産，複合遺産**のカテゴリーで登録される．日本には白神山地，屋久島，知床などの自然遺産と，法隆寺，姫路城，原爆ドームなどの文化遺産がある．富士山も信仰の対象という意味で文化遺産として登録された．

　世界遺産は景観そのものが対象となるだけなく，遺産の周囲の景観も評価されるため，各地の景観づくりのきっかけや目的として，世界遺産登録の影響は大きい．世界レベルでのお墨つきを得ることは，地域にとってさまざまな効果をもたらす一方で，**急激な観光化のもたらす課題や遺産以外の景観への無関心**といった問題も招いている．世界遺産というブランドだけから地域や景観を議論せず，多面的，長期的に地域の歴史や伝統，さらにその延長にある日常の景観の意味と価値を考えることが必要である．

●テクノスケープ

　煙突やタンク，複雑なパイプなどが集積した工場の眺めを愛好する「工場萌え」という言葉は社会的にも認知されてきた．ジャンクションやダムといった巨大な土木構造物をマニアックに好む人たちも世に知られてきた．これらのメカニカルで巨大な人工的構造物の眺めは，**テクノスケープ**と呼ばれる．

　棚田が広がるのどかな文化的景観とはまるで異なる印象を受けるが，これらも**広い意味での文化的景観といえる**．産業や交通のために地形や立地を活かし，人々が知恵をしぼってつくりあげた営みの結果，出現した眺めである．日本ではあまりみられないが，散水装置による広大な農地も，目に入るのは植物であっても工場と同じく非常に人工的な景観であり，一種のテクノスケープである．

　このように考えれば，眺めを構成する要素に緑が多いか，鉄やコンクリートが多いかというだけで景観を分類できないことに気づくだろう．人をとりまく環境の眺めである景観をどのように捉えるか，価値づけるかによって景観の種類や位置づけは変わる．

（a）工場地帯の眺め　　　（b）工場施設などを活かしたエムシャーパーク
　　　　　　　　　　　　　　　（ドイツ・ルール地方）

図 5.12　文化的景観の一種であるテクノスケープ

いまのところ工場やジャンクションを文化的景観として保護しようという声は日本では挙がっていない．しかしドイツの「エムシャーパーク」は第2次産業の巨大な遺構を活かした新しいタイプの公園として著名である（図5.12）．何を保存の対象として価値づけるかは社会の価値観に依存すること，いまここでの価値観は不変ではないことを頭に入れておきたい．

●時代とともに変わる評価・安定した評価

だんだんと話がわかりづらくなってきただろうか．棚田と工場萌えが同じといわれれば，多くの人は当惑するだろう．評価は変化するといわれれば，"やはり景観は客観的に扱えない"と投げ出してしまいたくなるだろう．

しかし，この節で扱っているのは景観を考える三つのアプローチのうちの一つの，そのさらに一部である．第3章や第4章で扱ってきたこと，さらには意味的なアプローチでもリンチの都市のイメージや名所の構成などは，時間を超えて参照できる理論である．

歴史的資源や世界遺産という多くの人々が景観と結びつけて理解しやすい項目のほうが実は不確定で，曖昧な評価項目である．そこを理解し，地域の景観やデザインを考えるときには，くれぐれも一面的に捉えないこと，社会や時代による変動が少ない身体感覚や景観ディスプレイ論などをしっかりと押さえておくことが大切である．

5.5節　原風景と生活景

Point!

①原風景とは，心のなかにある大切な心象風景である．
②一見特徴のない身近な生活景も，地域への愛着を育むために大切である．

　前節では，歴史や文化といった社会的な景観の価値について考えてきた．意味的な側面から景観を捉える本章の最後に，もう一度，個人のレベルに戻り，一人一人にとっての取り立てて特徴があるようにはみえない景観の意味や価値について考えておこう．

●原風景

　突然だが，あなたにとって「なつかしい風景」とはどのようなものだろうか．「好き」，「きれい」，「思い出の○○」というのとは少し違う「なつかしい風景」．

　若いうちはあまりそんなことを考えたり，感じたりすることはないかもしれない．しかし，ふとしたきっかけでなんとなく浮かぶ，心のなかの風景があるのではないだろうか．たぶんそれが**原風景**と呼ばれるものである．

　原風景の定義は必ずしも定まっておらず，大きく2通りの意味で使われている．一つは先述したような，非常に個人的なもので，幼少期から青年期頃までの多感な時期に体験した風景が**自己の拠り所という感覚をともなって記憶，想起される眺め**を指す．もう一つは，「棚田や里山は日本の原風景」というように，**ある社会に共有されている集合表象**という意味で使われるものである．ここでは，前者の，個人的な眺めとしての原風景について述べる．これは心のなかの風景，視覚的イメージであるため，**心象風景**の一つといえる．

　原風景は人によってさまざまであり，さらには自分自身でも認識していないことが多く，何かの拍子にふと思い浮かぶため，非常に把握が難しい．しかし，いくつかの研究や奥野健男（1926-1997）の『文学における原風景』などに基づけば，故郷や自分が帰属していると感じる場所の日常的な眺めが，そこで行われた行為や出来事とともに記憶され，その場所を離れる，その場所が失われる，あるいは何か困難にであって拠り所を振り返るなどといったきっかけによって，ふと意識される（思い浮かぶ）ことで原風景となる．取り立てて美しいわけでもな

く，特徴がはっきりしているわけでもない日常の眺めも，**個人の気持ちの安定**にとって大切な存在である．こうした原風景は，他の人との共有が難しいので，計画やまちづくりに直接的に活かすことは困難である．しかし，奥野の著書では，戦前の東京で育った人たちには，都市のところどころにあった**原っぱ**が原風景になっているとしている．よって，時代や地域ごとにある程度，原風景となりやすい眺めの傾向があると考えられる．

●生活景

景観の議論では，価値の高い景観をいかに守るか，つくるかに関心が集まりやすい．しかし，それは大地の上のごく一部分であり，ほとんどの部分は普通の眺めとして捉えられる．原風景もそうした普通の眺めのひとコマである．このような日常的でありふれた眺めの価値への関心も高まっている．

そのなかで，これといった特徴のない住宅地や商店街，田畑もあるが現代的な家々やときに工場も混じるような郊外など，人々の生活の場の眺めを**生活景**と呼ぶようになった．これらのありふれた眺めは，そこに住み，暮らす人々にとっては，そこに何があり，どうなっているという環境の情報を把握するという意味で認識されるが，**眺めとしての価値**に関心が払われていないことが多い（図5.13）．

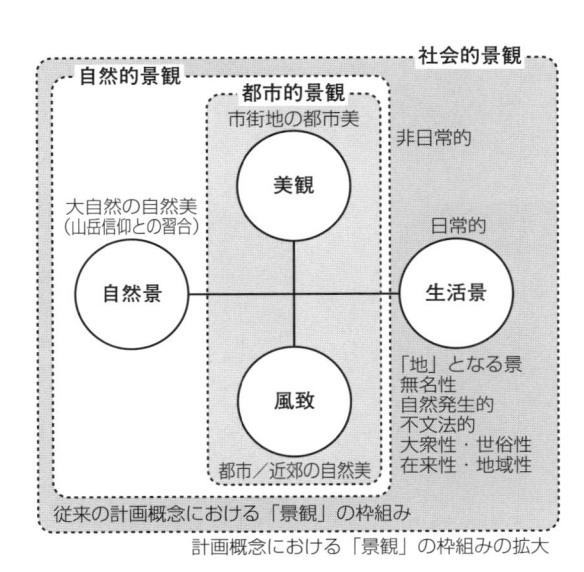

図 5.13　さまざまな景観における生活景の位置づけ

　こうした生活の場の眺めを景観として意識し，注意を向けていこうとするのは，当たり前に存在していた生活の場の眺めが次々と変化していき，不安定になることで，人々の地域への愛着や精神的な安定に影響を与えるのではないかと危惧されているためである．自分自身や身近な人の生活の履歴を辿ることができず，常にリセットされていく環境に，人は思い出や愛着を重ねることができない．歴史文化遺産となるような景観資源ではない，普通の場所の景観をていねいに考えようとする取り組みは，地域への関心や愛着の醸成にとって重要である．

● コミュニケーションの媒体としての景観

　では，生活景とはそこに住み，暮らす人だけにとって価値があるのだろうか．観光地を訪れたときに，目的とした施設や名所以外の場所，たとえば土産物屋が並ぶ表通りから一歩入った路地に，家族の暮らしが垣間みえたりすると，「まちの息吹を感じる魅力的な眺めだ」と感じられることはないだろうか．あるいはまた，通学の電車から毎日眺める車窓に一瞬見える家やビルの様子に，ふとそこに住む人，働く人の痕跡を認め，“あそこでも誰かが暮らしているんだなあ”と思うことはないだろうか．つまり，見ず知らずの人の暮らしの場を目にすることで，それについての想像を巡らせたり，そこからさらに自分の暮らしやまちのことに想いを馳せる．生活景はそのようなきっかけとなる．

　そこに暮らす人の姿が直接みえなくても，植木鉢がたくさん並んでいたり，ガラスがきれいに磨かれていたりすれば，そこに住む人の人となりをなんとなく想像したりする．逆に閉め切られた門扉や高いコンクリート塀を巡らした家から

（a）季節のしつらえやベンチに
店主の心遣いが感じられる

（b）一見殺風景だが，フェンスの花に
住人の気持ちが読みとれる

図 5.14　眺めを通して人の気持ちがうかがえる

は，外と関わりたくない人というイメージしか浮かばないであろう（図5.14）．

　つまり私たちは眺めを通して，その眺めの向こうにいる人との間接的なコミュニケーションをとっている．つまり**景観はコミュニケーションの媒体となる**．そう考えたときに，なんとなく微笑ましく，心がほっとするようなコミュニケーションをさせてくれるような景観と，そうでない景観があるだろう．プライバシーの侵害をおそれ，そこに暮らす人も眺める人も，相互に他者を意識しないようにして暮らすことは，結果的に地域への関心と愛着を減退させ，殺伐とした生活景になっていく．生活景に着目することは，地域と自己，他者と自己との関係を考えていくことにつながる．

"サウンドスケープ"

　この本では，景観を三つのアプローチ，つまり，視覚・身体感覚・意味の三つから捉えることを基本としてきた．とはいえ，いずれも目にみえる情報を通して考えられることが中心であった．しかし実際には音やにおい，熱や風といった体感など，いわゆる五感を通して私たちは環境を知覚している．そのなかでも音に注目して環境を捉えることをサウンドスケープと呼んでいる．マリー・シェーファー（Raymond Murry Schafer：1933-）というカナダの作曲家が1980年代に提唱したことで広まった概念である．

　眺めが写真で記録しやすいのに対して，音は記録や言葉での説明が難しい．また視覚以上に人による認識の差が大きい．しかし実は音や声は空間や場所の記憶に深く関わっており，地域の個性や特徴を議論するための大切な着目点となる．生活の音，機械的な人工音，風や雨などの自然の音など，人々に想起される音の調査からまちづくりを考えることも大切である．類似の概念で，においに注目したスメルスケープという言葉も使われることがある．

●参考文献

・篠原修 編，景観用語事典 増補改定版，彰国社（2007）
・ケヴィン・リンチ 著，丹下健三・富田玲子 訳，都市のイメージ，岩波書店（1968）
・クリストファー・アレグザンダー 著，平田翰那 訳，パタン・ランゲージ，鹿島出版会（1984）
・志水英樹 著，街のイメージ構造，技報堂出版（1979）
・後藤春彦，田口太郎ほか 著，まちづくりオーラルヒストリー，水曜社（2005）
・小林享 著，雨の景観への招待，彰国社（1996）
・都市デザイン研究体 著，日本の都市空間，彰国社（1968）
・中村良夫ほか 著，新体系土木工学58 都市空間論，技報堂出版（1993）
・ドロレス・ハイデン 著，後藤春彦ほか 訳，場所の力，学芸出版社（2002）
・海老澤衷，服部英雄ほか 編，重要文化的景観への道 エコサイトミュージアム田染荘，勉誠出版（2012）
・岡田昌彰 著，テクノスケープ—同化と異化の景観論，鹿島出版会（2003）
・奥野健男 著，文学における原風景，集英社（1972）
・日本建築学会 編，生活景—身近な景観価値の発見とまちづくり，学芸出版社（2009）

■さらに学びたい人のために
・沢田允茂 著，認識の風景，岩波書店（1975）
・陣内秀信 著，東京の空間人類学，筑摩書房（1985）
・中沢新一 著，アースダイバー，講談社（2005）
・芦原義信 著，隠れた秩序，中央公論社（1994）
・オギュスタン・ベルク 著，篠原勝英 訳，風土の日本，筑摩書房（1988）
・加藤周一 著，日本文化における時間と空間，岩波書店（2007）
・桑子敏雄 著，西行の風景，NHKブックス（1999）
・佐々木健一 著，日本的感性—感触とずらしの構造，中公新書（2010）
・バーナード・ルドフスキー 著，渡辺武信 訳，建築家なしの建築，鹿島出版会（1976）
・樋口忠彦 著，日本の景観—ふるさとの原型，春秋社（1981）
・齋藤潮 著，名山へのまなざし，講談社現代新書（2006）
・前田愛 著，都市空間の中の文学，筑摩書房（1982）
・川澄登 著，東京の原風景，日本放送出版会（1979）
・今和泉隆行 著，みんなの空想地図，白水社（2013）

第6章

景観の予測と評価

本章では，景観を理論的，客観的に評価するための考え方と代表的な手法について学んでいこう．実験や観察を吟味した手順にそって行うことで，複雑な景観という現象にも科学的に迫ることができる．

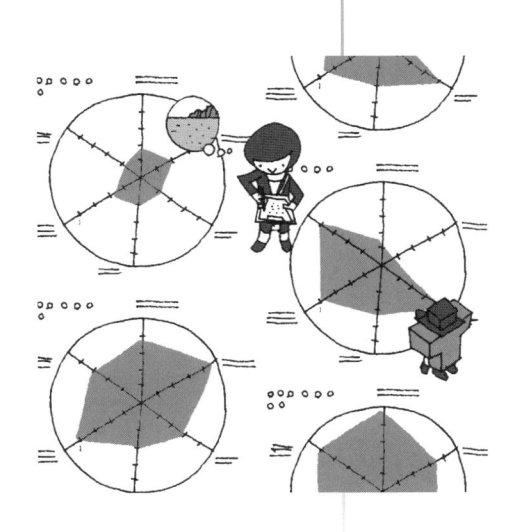

6.1節　景観の予測と評価

Point!

①景観評価は，「よい景観を作るため」と「景観から人間や環境を理解するため」に行われる.

②複雑な現象である景観を評価するには，その評価構造を把握する必要がある.

設計や施工を行う前に，実験や解析を行って構造物の挙動を予測し，必要とされる機能や性能が満たされるかを評価し，その結果を確かめてから実施するのが，土木の一般的なやり方である．都市計画や交通計画でも，過去の経験や理論をもとに「こういう計画を立てればこういう効果が得られる」という予測と評価を行う．景観についても同様のことが必要である.

●景観の記述・予測と評価の難しさ

景観の予測と評価は，ワンセットである．予測と並んで，景観の記述，表現，データ化も評価のためには合わせて考えなければならない．力学であれば応力やひずみのように，何を計れば構造物を評価できるかが比較的明確であるが，景観の場合は，何を評価の対象に用いるか自体を決めにくい．「写真を見て」といってもどのような写真ならよいのだろうか．そう簡単には決められない.

さらに景観の評価は，主に人の印象や感覚として示されるので，それをどう捉えるかも難しい．アンケートをするにも誰にどのように聞けばよいのだろうか．脳の研究が進んだとはいえ，複雑な印象を脳波によって客観的にデータ化することはまだできていない.

したがって，景観の記述・予測と評価は，多様で複雑な景観という現象のなかの「どのような側面について」，「何を目的として行うのか」をまずよく考えてから行わなければならない．そして得られた結果も，それが適用できる範囲や条件をふまえた上で扱わなければならない．もちろんこのことは，力学でも水理学でも同様で，仮説や実験条件を超えて結果を普遍的な評価とすることはできない.

しかし景観の場合は，やはり関わっている要素が多く関係も複雑で，データとして数値化しづらい．だからといって，客観的，定量的な評価がまったくできないわけではない．景観，特に土木における**景観の評価**のこれまでの試みと蓄積について，学んでおこう.

●景観の評価の目的

「景観の評価」は，大きく分けて二つの目的のために行われる．一つは**よい景観を作るため**であり，もう一つは景観を通して**人間や環境を理解する**ためである（図 6.1）.

　一つ目の目的は，具体的な計画，設計によって景観構成要素を操作するときに，その結果を予測して評価し，「作ってから失敗した」ということがないようにするためである．土木構造物は**規模が大きく**，**公共性も高い**，また一度つくると**長期にわたって存在し**，**その基本的形状などを変えることも難しい**．そのため，事前に計画されているものがどのように見えるかを予測し，周囲への影響や印象を確認・評価して，**よりよい結果に近づける工夫をする**．こうした**アセスメント的な目的**のために景観の予測と評価を行う．

　二つ目の目的は，「人は景観をどのように認識するのか」，「評価の傾向はどうか」，また「環境の特性と評価との関係はどうか」といった，景観に関する理論的な知見を得て，それを概念的モデルとして示したりするためである．それによって，景観に関する理解および景観を通して人間や環境への理解が深まり，実際のプロジェクトにも間接的に役立てることができる．第 3 章〜第 5 章で述べてきた基礎的知見の多くも，こうした研究成果に基づいている．

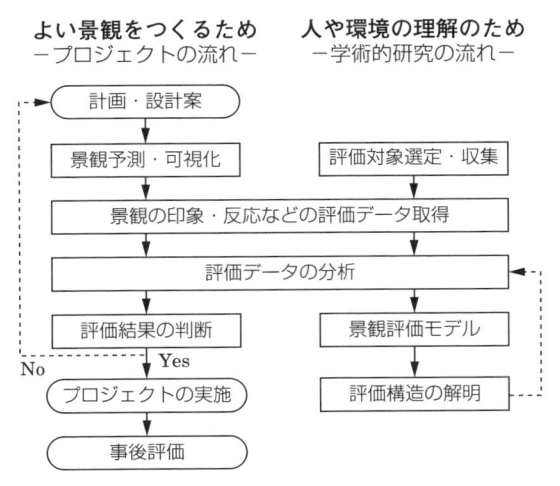

図 6.1　景観評価の目的と流れ

●環境アセスメントと景観

　先に，「アセスメント的な目的」と述べた．**アセスメント**とは，**ある対象を客観的に評価すること**であり，**環境アセスメント**すなわち**環境影響評価**とは，開発に際してそれが環境に与える影響を事前に予測，評価して適切な開発と環境保全を目指すものである．「環境アセスメント」で対象とする環境には，大気，水，音，動植物の生息などとともに，**景観も含まれている**．1997 年に成立した「環境影響評価法」に基づいたアセスメントでは，景観の予測評価手法について，参考とするガイドラインが示されている．

　対象事業や環境によって具体的には多様な状況が考えられるが，基本的には，開発による構造物などがみえる領域（**可視領域**）において，すでに評価されている良好な景観資源の状況を把握し，さらにそれを主要な視点から眺めた場合に開発によって**どの程度眺めに変化が生じるかを予測**し，その影響を**評価する**．評価に際しては，ある視点から眺めた写真に予測される眺めを合成した画像を作成し，見込み角の変化や構図への影響などをもとに判別する．その結果をもとに有効な対策，たとえば緑地を設けて施設の見えの大きさを削減するなどを行う．アセスメントについては環境省のホームページなどの関連サイトをみてみよう．

●評価構造

　人は景観を一つの物差しだけから評価するのではなく，複数の軸から総合的に捉えている．これは人を評価するのと同様で，外見の魅力だけでなく，その人の性格，能力，自分への好意，相性など，複数の側面から捉えた結果，「好き」といった総合的な評価が下される．たとえば，この「好き」という総合的な評価がどのようなよりシンプルな評価の組み合わせとして説明できるか，あるいは物理的な特徴がどのように要因として関わっているかなど，その評価がどのような構造をもっているかを**評価構造**という．本書で重視している景観を考える「三つのアプローチ」も，景観の認識や評価においては視覚的，身体感覚的，意味的という評価の次元があるという評価構造に基づいている．

　複雑な事象を理解するには，それを単純な事柄に分解し，その組み合わせによって説明する．それにより，何を操作するとどのような変化が生まれるかを予測することに近づける．**景観評価**もそのようなスタンスで捉えられるが，単に実験結果から導かれたというだけでなく，実感と照らして納得できるか，あるいは心理学や哲学などの関連する分野の知見と矛盾がないかといった確認も必要である．

6.2節　可視化

Point!

①景観を客観的に評価するためには，目的に適した可視化が必要である．
②図面やパース，模型などの可視化の媒体と表現方法は，目的に応じた適切なものを工夫する．

　景観は眺めであり目にみえるものであるが，客観的評価の対象とするためのデータとするためには，何らかの工夫が必要である．また，いまだ存在しない眺めの予測には，その計画が実現した場合の眺めを示す必要がある．つまり，可視化という操作が求められる．

●再現性と精度

　人を取り巻く環境の眺めである景観を写し取るには，一般的には**写真**が用いられる．写真もレンズや撮り方に注意しないと，実際の眺めに近い状況を再現できない（p.127 Column 参照）．また新たに計画する構造物の姿は，コンピュータ・グラフィクスによってかなりリアルに描くことができる．現在では，画像製作に関わる技術の進展によって，実在する眺めと区別がつかないほどリアルな映像をつくることが可能である．つまり，今日では眺めの再現性と正確さ（精度）が高い画像を比較的容易に得ることができる．

　しかし**景観の可視化**においては，**現実に近ければ近いほどよいとは限らない**．リアルな眺めには多様な情報が含まれているので，それをみて評価をした場合，どの要因が評価に影響しているかが特定しづらいからである．航空写真は地上の様子を非常にリアルに可視化しているが，一方で，地形図ではよみとりやすい地形の起伏はわかりづらい．環境や眺めを構成するどの要素や指標を把握したいのか，それに応じて**再現する項目を取捨選択**することが，可視化においては重要である．

●図　面

　計画や設計を行うには，その空間的なアイディアを描き，自分で確認しながら形や大きさなどを決めていかなければならない．また他者にそれを伝えなければならない．その最も基本的なツールが**図面**である．

　地図も図面の一種である．計画設計の対象がどのような場所に位置するのか，

その広がりや立ち上がりはどのような具合であるのか，さらに細部はどうなっているのか．これらは言葉では表せず，形と大きさを伝える図面上に表現される．複数のスケール（縮尺）において，平面図，断面図，側面図（立面図）を組み合わせることで，伝えたい情報を正確に伝えることができる．

　図面は3次元の立体的な形を2次元の平面に写しているため，頭のなかでそれを3次元に組み立てる能力，つまり**図面を読む力**が必要となる．また図面の描き方によっても，伝わる情報は変わってくる．

　土木の図面は，一般的に線の太さがみな同じで，各部分の寸法と形式を伝える記号的な描き方になっている．これに対して建築の図面は，重要な線は太く，細部や補助的な部分の線は細くと描き分けることで，そこがどのような空間であるのかを再現する工夫が施される（図6.2）．

　土木でも戦前に描かれた図面には，形を伝えようとした非常に美しいものがある．土木学会がまとめた『HANDS』という歴史的な図面のコレクションなどをみて，図面が持つ表現力を感じてみよう．CADを使い，手で図面を描くことが少なくなったが，「図面とは何か」を考えるには原点に触れることは重要である．

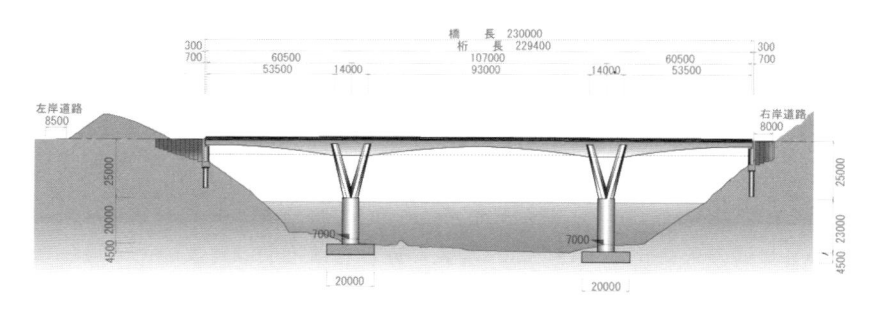

（a）形を伝えようとする図面

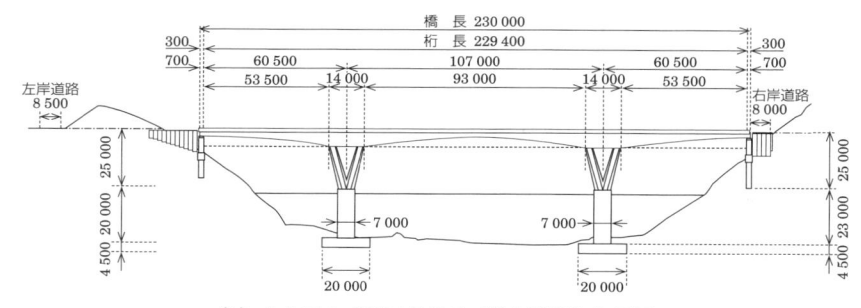

（b）土木でよく用いられる寸法を強調した図面

図6.2　図面の表現方法と印象の違い

●パース

　図面が立体的なものや空間の形を平面に投影したものであるのに対して，**パース**（パースペクティブの略：透視画・透視図）は，ある視点から眺めた見えの形を描いたものである．したがって，実際に眺めたときの見え方に近く，図面を読む力がなくてもできあがりの眺めを確認することができる．

　コンピュータを使わずに手描きの製図法によって透視画を描く方法が確立したのは，15 世紀ルネサンスの頃である．実際の形の大きさの比を変えることなく平面図上に奥行きのある透視図を描けるようになったことで，都市の建築や広場のデザインにも影響を与えた．まっすぐな街路を眺めたときのような**1 点透視画法**，交差点で角地を眺めたような**2 点透視画法**，さらにそれを上空から眺めたような**3 点透視画法**がある．

　現在では平面図に高さ方向の情報を与えれば，瞬時にコンピュータが透視形態を描き，視点の移動も自由にできる．そのため透視図の原理を意識することはなく，それらしい見えの形を得ることができる．しかし，視点の位置や画角の取り方によって，実現した場合の見えの形，特にスケール感が再現されているとは限らないので，注意が必要である．また，透視図の原理と基本的な特徴を理解しておくと手描きのスケッチやイメージ図を描きやすくなる（図 6.3）．

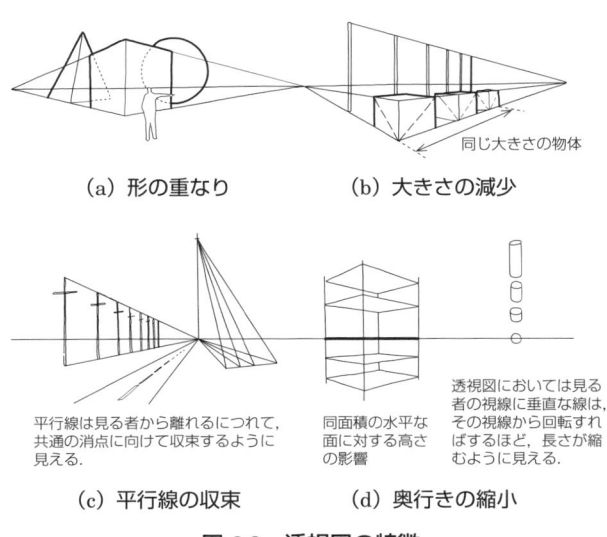

（a）形の重なり　　　（b）大きさの減少

同じ大きさの物体

平行線は見る者から離れるにつれて，共通の消点に向けて収束するように見える．

同面積の水平な面に対する高さの影響

透視図においては見る者の視線に垂直な線は，その視線から回転すればするほど，長さが縮むように見える．

（c）平行線の収束　　　（d）奥行きの縮小

図 6.3　透視図の特徴

● 模　型

　3次元のものや空間を縮尺を変えて3次元に再現したものが**模型**である．模型はそれ自体が立体のため**形やプロポーションの再現性は高い**．眺める位置を変えたり，ファイバースコープを使って模型のなかの視点からの映像を得ることで，**多様な眺めを確認できる**．模型は実際の設計を検討する過程で，現在の案を確認してよりよい案にしていく，つまり**スタディのため**に作成する場合と，第三者に案を**プレゼンテーション（説明）**するために作成する場合がある．

　スタディ模型は，確認したいことが確認できるために必要充分な再現性と精度があればよい．スタディの初期であれば，ボリューム感のチェックや空間構成の検討を，設計が詰まってくれば部分のみを大きいサイズで正確につくるというように，段階に応じて異なる縮尺，作り方を選ぶ．スタディのためにはつくった模型をすぐに壊したり，修正したりできることも必要である（図6.4）．

　これに対して**プレゼンテーション模型**は，第三者に伝えるための作品としての完成度が求められ，仕上がりのていねいさや作り込みも必要となる．また，検討の過程に応じてどのような模型をつくるかも変わってくる．周辺も含めた縮尺の

（a）周辺環境を把握するための模型（S：1/500）

（b）橋の全体模型（S：1/100）

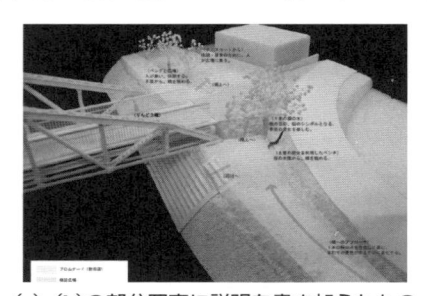

（c）（b）の部分写真に説明を書き加えたもの

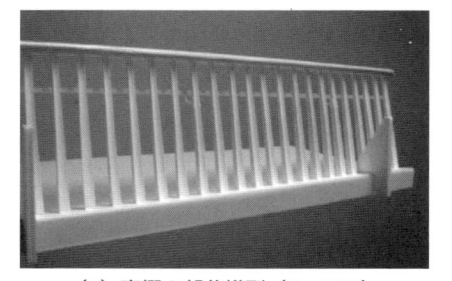

（d）高欄の部分模型（S：1/10）

図6.4　橋のデザイン検討の過程で作製した模型（長野県りんどう橋）

大きい模型から，徐々に対象をクローズアップした模型，必要な部分をチェックするための部分模型などである．

　模型をつくるには手間がかかるが，構造が理解できていないと製作できないので，模型をつくると設計の問題点が明らかになる．3D プリンターによって複雑な外形のパーツも自動的に製作できるようになった．しかしものとしてのつくられ方，たとえば，柱の上に梁が載っている構造や板を組み合わせた形の成り立ちを無視した表面の形だけが再現されるので，模型の製作を通して設計を深めていく効果は期待できない．何事も便利なものの利用には注意が必要である．

● シミュレーション

　シミュレーションとは，なんらかの法則に基づいて起きていることに対して，その**一部の要因を変化させた場合の結果を予測，提示させる**ことをいう．景観においては，眺めを構成する要素，たとえば，街路景観における街路樹の量や沿道建物高さ等を変化させた場合の画像を CG などで表すことがよく行われる（図6.5）．その画像を用いて後に説明する心理実験を行い，印象評価と変化させた物理量の関係を分析したりする．

　こうしたシンプルなシミュレーションだけでなく，景観構成要素の生成自体を**モデル化**して，ある設定や条件のもとでの変化を可視化することもある．たとえば，都心部の建物の建替えに関するアルゴリズムが得られた場合，10 年後，20年後にどこにどのような建物が建っていくかを予測し，その形を 3 次元に立ち上げて，街区の様子がどう変化してくかを可視化することなどである．

　いずれにしても，何の値をどのように変化させるかについての理論や説明があり，それに基づいた景観の変化を可視化することで，将来を予測したり，変化の

(a) 現状　　　　　　　　　　　(b) 面積 50 m² 以下の建物を総延床面積
　　　　　　　　　　　　　　　　　一定を条件に共同化した場合

図 6.5　建物の密度を変化させたシミュレーション

コントロールの方法を検討することを意図してシミュレーションは行われる．

●データマイニング

　データマイニング（data mining）とは，埋もれているデータを「鉱石を掘り出すように」掘り出す手法で，さまざまな分野で使われる．特にウェブが発達してからは，インターネット上にある大量な情報を収集することができるようになり，その目的のために存在していたわけではないデータを多数集めることで，そこに潜んでいた情報を引き出すことが期待されている．

　データマイニングは景観の調査や研究において，いまだ確立した手法ではないが，**まちづくりにおける活用可能性は高い**．無数に投稿される写真をタグや位置情報から収集し，分析することは容易に思いつく．少数の代表的な写真から地域の景観を読み解くのではなく，多様な観点から捉えた多数の写真によってはじめて可視化される地域景観の特質があると考えられる．一方，過去の景観や生活景の情報収集には，各家庭に残された家族写真などの背景に映ったものも手がかりになる（図6.6）．アナログな収集方法はそのプロセス自体がまちづくり活動の一部となることも期待できる．

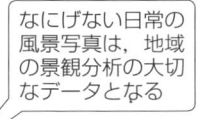
なにげない日常の風景写真は，地域の景観分析の大切なデータとなる

(a) 農作業の様子

(b) 道路の改修前

(c) 改修後

図 6.6　地域の写真愛好家によって撮影された生活景（長野県宮田村）

6.3節　評価手法

評価のためには，人が眺めに対して抱いた感覚や指向をなんらかの形でデータとして得ることが必要である．抽象的に「いい景観とは何ですか」と質問してそれに対する「癒される景観かな」といった答えをたくさん集めても，景観の評価構造を探ることはできない．目的を絞り込み，条件を明確にした調査，実験，分析が必要である．ここでは比較的よく用いられる手法について紹介する．

●心理学的手法

心理学は，人の心理を探ろうとする学問であり，直接みえない心理をどのように計るか，扱うかの蓄積がある．そのため心理学の分野で用いられている手法を景観の評価にも取り入れた研究がなされてきた．心理学には，何を対象とするかによって，知覚・認知心理学，行動心理学，発達心理学，社会心理学などがある．また研究の方法では，主に観察と実験がある．景観の評価では**実験心理学的手法**を参照して，準備された環境のなかで刺激を提示し，それに対する**反応をデータとして得る方法**が用いられる．

なお，実験心理学の実験は非常に厳密で，提示される刺激もきわめてコントロールされた画像などが用いられる．これに対してさまざまな写真をそのままみせて実験とする景観評価は，心理学からみるととても「実験」とはいえないものが多い．しかし，景観という複雑な対象に対する人々の反応の傾向を探る試みとして，以降に述べるような手法を使った評価実験が行われてきた（表6.1）．

また「観察」という方法は，刺激に対する反応が人々の行動に現れると考え，行動を観察することで間接的に評価を探ろうとするものである．たとえば「居心地のよい場所には人が長く佇む」といった行動の特性をもとにして，身体感覚的な側面からの評価を行うことができる．その他にも生理的な反応の測定として，アイマークレコーダーを用いて注視点のデータを得ることができる．

表 6.1　景観評価に用いられる主な計量心理学的手法

方法的分類		測定法	目的・分析対象
評価尺度を伴わない方法	観測的方法	アイマーク・レコーダー	注視点行動
	言語，図などで表現または認知させる方法	想起法 再生法（マップ法など） 再認法	情報量 イメージ分析
評価尺度を伴う方法（評価法）	分類評価尺度	選択法	分類 順位付け
	序数評価尺度	評定尺度法 品等法 一対比較法	分類 順位付け 重み付け
	距離評価尺度	分割法 系列カテゴリー法 等現間隔法	重み付け
	比例評価尺度	マグニチュード推定法 百分率評定法 倍数法	刺激量と心理量の対応
	多元的評価尺度	SD 法	意味・情緒
観測的方法あるいは評定尺度による方法		調整法 極限法 恒常法	閾値・等価値など定数の決定

●SD 法

SD 法（Semantic Differential 法）は，言葉に対して人が抱く意味を定量的に測定するために，1950 年代にアメリカの心理学者オスグッド（Charles E. Osgood：1916-1991）によって提案された手法である．その後，ものやことに対するイメージの測定方法として広く使われるようになった．

　この方法は，**意味尺度**と呼ばれる一対の形容詞，たとえば「大きい−小さい」，「明るい−暗い」，「新しい−古い」などを多数提示し，評価する対象をみて，それが各尺度のどのあたりにあると感じるかを答えてもらう．つまり「大きい−小さい」に対して，「非常に−やや−どちらでもない」といった段階的な尺度で選ぶことを，すべての尺度，すべてのサンプル（対象）について行ってもらう．回答者全員のサンプルごとの平均値を示したものを**プロフィール曲線**と呼び，サンプルごとのイメージの傾向をみることができる（図 6.7）．

　さらに**因子分析**（後述）によって，類似した反応がみられる評価尺度のまとまりを抽出し，どのような因子によって評価が行われているかを把握する．この評価因子に照らして傾向が似ているサンプルを**グループ化**することも行われる．

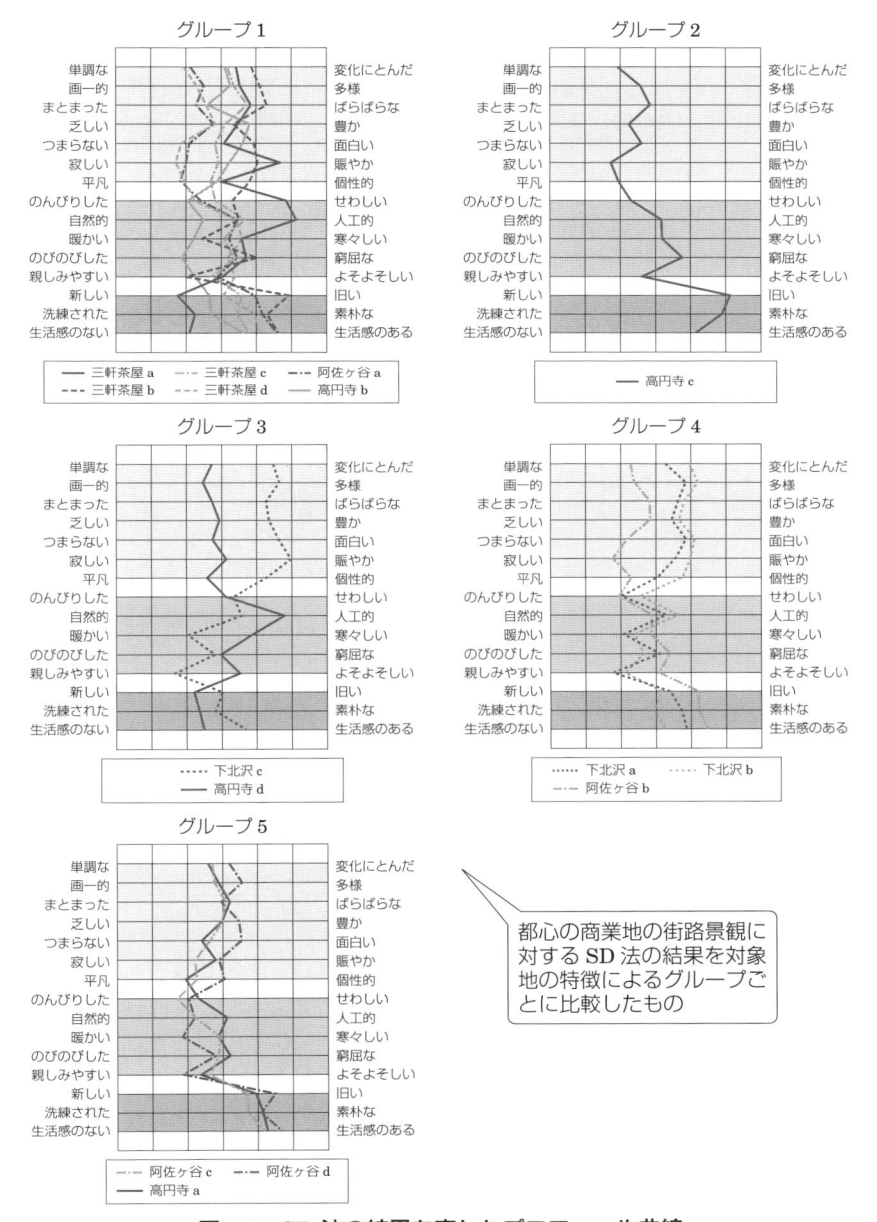

図 6.7　SD 法の結果を表したプロフィール曲線

	因子1	因子2	因子3
単調な − 変化に富んだ	0.7932	− 0.0301	− 0.1505
つまらない − 面白い	0.7727	− 0.3001	− 0.1024
画一的 − 多様	0.7562	− 0.0448	0.0388
寂しい − 賑やか	0.7371	− 0.0058	− 0.2963
平凡 − 個性的	0.7195	− 0.0123	− 0.1996
まとまった − ばらばらな	0.5275	0.3640	0.1251
乏しい − 豊か	0.5199	− 0.4261	− 0.2317
のんびりした − せわしい	0.2436	0.6605	− 0.2633
自然的 − 人工的	− 0.0203	0.6196	− 0.2827
暖かい − 寒々しい	− 0.4890	0.6183	− 0.1126
のびのびした − 窮屈な	− 0.0912	0.6042	0.2661
親しみやすい − よそよそしい	− 0.4560	0.5265	− 0.1869
新しい − 旧い	− 0.0603	− 0.0611	0.8297
洗練された − 素朴な	− 0.2924	0.0090	0.7232
生活感のない − 生活感のある	0.0052	− 0.3924	0.5396
寄与率〔%〕	26.75	42.81	56.16

(a) 因子分析によって得られた因子

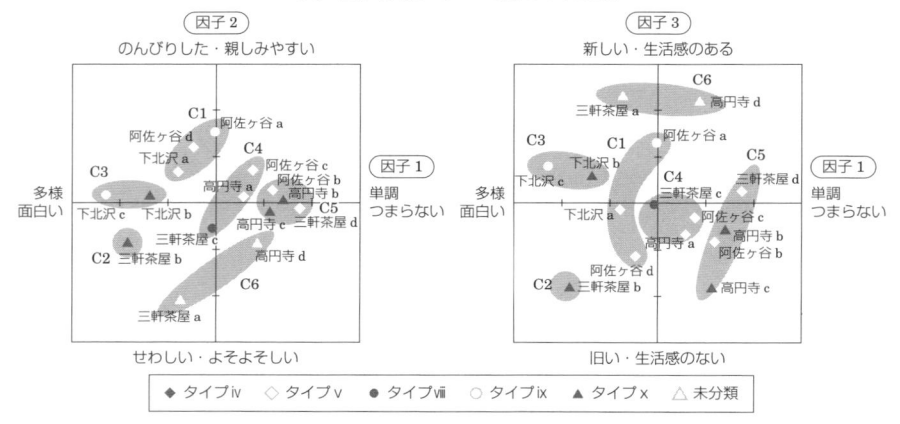

(b) (a)の因子に対する得点をもとにしたサンプル布置図

図 6.8 SD 法の結果の分析例

つまり SD 法を用いることで，対象を捉えるための**複数の因子を抽出**し，その因子を軸とする意味空間上に各対象を位置づけることができる．この軸を**景観の評価軸**とみなすことが可能で，たとえば街路景観を対象とした実験から「単調さ，親しみ，新しさ」といった評価軸が得られたと考えたりする（図 6.8）．

SD 法は明快な手法であり，実施例も多く，空間や景観の印象評価の代表的な手法といえる．実施に際しては，評価尺度（形容詞対）の選定，またサンプルの内容と提示方法などについて，多くの既存研究を参考にして，適切な実験方法を考えることが必要である．

　たとえば，評価尺度の選定には，価値に関わる語句，つまり「よい－悪い」,「美しい－醜い」などはできるだけ使わない，「活気がある－活気がない」のように「ある－ない」という表現は避け，「にぎやか－静か」のような対となる言葉を選ぶなど，SD 法の基礎を確認しよう．

　また SD 法に限らず，評価してもらうサンプルとして写真や画像を用いる場合に，それができるだけ実際の眺めに近くなるようにしなければならない．つまり写真の撮影は，人が実際に眺めているときに近い路上から約 1.2 m の視点から，カメラの画角は光学レンズ換算で 35 mm 程度とする．写真を被験者に提示する方法は，スクリーンやモニターに投影する場合とプリントしたものをみせる場合があるが，どちらの場合も画面の大きさと被験者と画面の距離を調整して，視野いっぱいにその画像がみえるようにする必要がある．実験条件によって結果が影響を受けるのは，景観評価実験でも同様である．

●一対比較法・マグニチュード推定法

　SD 法は対象を評価する軸の発見，つまり**評価構造の把握を目的とする場合**に使われる．これに対して評価軸が何であるかよりも，ある軸に沿った定量的な評価値や順位を知りたい場合，一対比較法やマグニチュード推定法を用いる．

　一対比較法は複数の計画案など，評価したい対象サンプルから二つをピックアップし，どちらが好ましいかを被験者に判定してもらう．これをすべての組み合わせに対して行った結果を統計的に処理して，順位付けを行う．判定は単純であるが，n 個のサンプルに対して $(n(n-1)/2)$ 回の判定を行わなければならない．また，矛盾する判定を被験者が何度も行うと解釈可能な分析結果に至らない場合もある．

　マグニチュード推定法は，対象の評価値を直接推定させる方法である．たとえば建物の高さによる目立ち具合を推定する場合に，標準となる刺激を提示してこれを 100 とした場合に，提示されたサンプルの値を 80 や 120 というように答えてもらう．全被験者の評価値から各サンプルの評価値を位置づけられるよう尺度を構成し，定量的な結果を得る．その評価値を用いて，建物高さや壁の面積などの物理量とどのような関係にあるかを分析することができる．

●想起法

　客観的な評価というと，どうしても数字による定量的評価と考えがちであるが，再現可能な手順をふめば，評価尺度をもたない言葉や図などのデータによる

評価も充分に客観的とみなされる．特にイメージや記憶を探ろうとする場合には，言葉や第5章で述べたイメージマップに頼る必要がある．

　ある事柄について思い浮かぶ，つまり想起されるものやことを答えてもらうのが想起法である．たとえば，「渋谷というまちについて思い浮かぶものを挙げてください」などと質問し，回答者に思い浮かんだ順番に要素（エレメント）を列記してもらう方法を，**エレメント想起法**という．連想するものを挙げてもらう連想法も類似の方法である．

●写真投影法

　被験者が能動的に実験に参加してもらえるならば，眺めとそれに対する認識の両方のデータを取得することもできる．精神病理学者の野田正彰（1944-）が考えた**写真投影法**と呼ばれる方法の応用である．精神病理学において，個人（患者）の深い内面はその人が撮影した写真に投影されるとして，写された写真を手がかりにカウンセリングが行われる．これに対して景観の分野では，ふと目にとまった眺めを撮影してもらい，撮影された写真の分類や，その写真に対して撮影者が加えた説明によって，**何気ない眺めに対する人々の認識や眺め方を探ることを目的として写真投影法**が用いられる．写真にキャプションをつけてもらうやり方もあり，それは**キャプション評価法**と呼ばれる．

　手軽に撮影でき，位置情報も記録できるデジタルカメラの普及によって，この方法はさまざまな場面での活用可能性がある．実験自体を一つのイベントとして，まちや景観に対する興味を喚起する効果も期待できる．

●現場実験

　写真投影法は，実験室ではなく，実際のまちや公園などの現場で行われる．このように現場で行う実験を**現場実験**という．室内で行われる景観評価実験では，実際の眺めに近い写真や画像を用いるとしても，やはり空間の広がりや雰囲気などは伝わりづらい．視覚的なアプローチで議論される構図のよさや眺めやすさなどは画像を用いた実験が適しているが，身体感覚的な居心地や音やにおいも影響する評価，たとえば賑わいのような意味的な評価には，画像では評価に必要な情報量が不足する場合もある．一方で，現場は時々刻々変化しているので，実験の再現性に課題があり，要因の操作も困難である．

　つまり，仮説がはっきりしていて評価項目に対して精度の高いデータが取りたい場合は「実験室」で，多様な要因からなる総合的な環境の眺めに対する指向や

傾向を把握したい場合は「現場実験」で，というように目的に応じて使い分けることが必要である.

●分析手法

　以上のような方法によって評価に関するデータを採取したら，それを**集計**し，**分析**しなければならない. 関係する要因が多く，単純集計では傾向が把握できないデータに対しては**多変量解析**という統計分析が行われる. 景観研究で用いられる代表的な分析手法を表 6.2 に示す.

　まず，多様なデータが相互に絡み合って複雑な状況にみえる一群のデータを，**単純な関係性の組み合わせによって構造を把握するための分析**がある. 得られているデータが定量的であれば，**相関分析，因子分析，主成分分析**などが用いられる. **SD 法**で得られたデータは，多数の意味尺度の間に隠れている潜在的な因子を探り出すために，**因子分析**にかけられる.

　主成分分析と**因子分析**は似ているが，主成分分析は，相互に相関性がありそうな複数の尺度をまとめて，より少数の相互に相関のない尺度に集約して，わかりやすく示そうとする分析方法である. 得られているデータが数値データでなく，「ある－ない」などの**質的データ**である場合は，その質的データをカテゴリーに対する**反応と読み替えて数値化**して扱うことができる. 林知己夫（1918-2002）という統計学者が作った方法にこうした分析手法があり，林氏による**数量化理論Ⅲ類**などは，景観研究でもよく用いられる.

　また，多くのサンプルをグループに分ける方法として**クラスター分析**がある. 分類する基準が示されていない場合に，各サンプルのもつ複数の値の傾向の類似

表 6.2　景観評価に用いることの多い分析手法

目　的	外的基準 （被説明変数）	説明変数		分析手法
		量的データ	質的データ	
複数の要因の関連性分析 ・ 評価因子構造の分析	なし	○		プロフィール分析 相関分析 因子分析 主成分分析
		○	○	クラスター分析 数量化理論Ⅲ類
評価値の予測 ・ 評価を規定する要因の重み分析	質的データ	○		重回帰分析 重相関分析
		○	○	数量化理論Ⅰ類
	量的データ	○		判別関数
		○	○	数量化理論Ⅱ類

度から，いくつかのクラスター（房）に分類する方法である．

　一方，何か評価したい項目（外的基準・被説明変数（目的変数ともいう））が別にあって，それを説明するためのデータ（説明変数）を用いてモデル式を得たい場合には，**重回帰分析**がよく使われる．たとえば，マグニチュード推定法で得られた建物の目立ち度を外的基準として，これを，建物高さ，面積，壁面の色の値（マンセル値の彩度など）の説明変数が各々どれくらい影響しているか重みをつけて算定するという場合である．

●実験的方法による景観の評価と分析のポイント

　以上，代表的な評価方法や分析方法を紹介してきたが，それぞれの詳しい説明は，実験や統計の本，既存研究を勉強してほしい．個々の方法をマスターすることも重要だが，景観という総合的で複雑でデータ化しづらい対象を客観的・実験的に評価分析する際に，まず以下の点を押さえておいてほしい．

　まずは，仮説を立てることである．"もしかすると，こういう眺めに対してはこんな認識がされているのではないか"，"こう感じるのは，これとこれが関係しているのではないか"，というものが仮説である．しかし，仮説は自分の思い込みではない．**ある程度の根拠があってはじめて仮説になる**．その根拠とは，すでにある理論や知見，実際の観察をした結果，類似の研究成果などに求められる．

　次にその仮説を確かめるためには，**どのようなデータを取ればよいのかを考える**．説明変数になりそうなものは何か．被説明変数として何を位置づけるのか．調査や実験でどのようなことを示してくれるデータを得たいのか，具体的に考えてみる．そして，その**データを得るための実験方法**，**サンプルの選定**，**実験の手順を具体的に詰めていく**．また，**同時に分析方法も考えて**，「こういう分析をしたいからそれに使えるデータを取る」と決めていく．ここで**実験の実現可能性**（フィージビリティ）もチェックしよう．予算，時間，労力，被験者の負担には常に限界がある．何度も述べてきたが，「**優れた既存研究をできるだけ多く見つけること**」，これが最も重要である．

　最後に，**アンケート**について述べておく．評価というとすぐアンケートを思いつくだろう．たしかにアンケートはやれば何らかのデータは得られ，それを統計処理すれば何らかの傾向は出る．しかし，それで一体何がわかったことになるのだろうか．アンケートに答えた人は何を考えてそう書いたのだろうか．

　アンケートという方法を用いる場合も，上に述べた実験の場合と同様に，「仮説→得たいデータ→分析」の方法までを考えて，一つひとつの質問項目を設計し

よう．さらに景観に関するアンケートなら，その質問紙のレイアウトも，みやすく洗練されたものに仕上げよう．

"模型をつくってみよう"

　デザインの検討には，言葉や図面だけでなく，立体的な特徴を表すことができる模型をつくることがとても有効である．CAD を使って立体的な形を描きだしたり，画面上で視点を動かした動画によってかなりリアルなできあがりの姿も再現できる．そのため原始的な模型はいらないと思われるかもしれないが，模型にはさまざまな意味がある．

　特に大切なのは，自分のデザインのアイディアを練る，一緒に議論する人たちとコミュニケーションをとるための道具になることだ．何となく頭のなかで思っている形や空間を模型にするとはっきりと確認できる．

　まず全体の構成やボリューム感を確認する模型に始まり，スケールをあげながら形や細部を再現する模型，橋脚と桁の一部を検討する部分模型など，デザインの進行に合わせてさまざまな種類の模型をつくる．模型のなかに縮尺を合わせた人型を入れると，ぐっとリアルな感じがでてくる．まちの計画を考えるにも地形模型や現状のビルなどを並べた模型は地図からはつかみづらいリアリティが得られる．

　目の前に実物としてある模型は，それ自体を自分たちの手でどんどん削ったり，追加したり，置き換えてみることができる．この作業によって，思考と製作の直接的つながりや共同作業を通した一体感が生まれてくる．

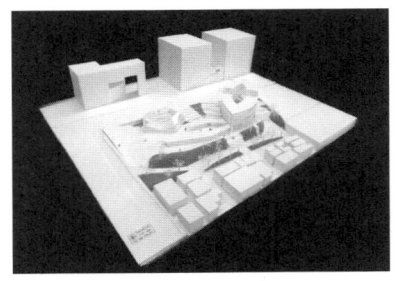

（a）完成模型　　　　　（b）（a）の一部を低位置から撮った写真

図 6.9　デザイン演習での学生の作品

　模型の製作は最初は大変かもしれないが，慣れればかなりスピーディーにつくることができる．材料やつくり方についての情報を提供しているウェブサイトや建築模型に関する本も参考にできる．そしてなによりも，模型をつくる作業過程で対象への愛情が湧いてくる．もっとていねいな模型をつくりたいという気持ちは，もっとよいデザインをしたいという気持ちと表裏一体である．模型の写真を撮って加工すればプレゼンテーションの幅も広がる．アナログな模型は，実は応用範囲も広い．

（a）川とその周辺を現地調査に基づき
1/100 のスケールで共同製作

（b）スタディの初期につくるコンセプト
模型（1/500）

（c）紙でつくった人を入れるとスケール
感がよくわかる

図 6.10　デザイン演習でつくるさまざまな模型

●参考文献

・篠原修 編，景観用語事典 増補改定版，彰国社（2007）
・土木工学大系編集委員会 編，中村良夫ほか 著，土木工学大系 13 景観論，彰国社（1977）
・フランシス D.K. チン 著，太田邦夫 訳，建築製図の基本と描きかた，彰国社（1993）
・日本建築学会 編，建築・都市計画のための調査・分析方法，井上書院（2012）
・西内啓 著，統計学が最強の学問である，ダイヤモンド社（2013）

第 **7** 章

景観形成のしくみ

> 　第6章までは景観に関する理論的な基礎を学んできた．本章からは，実際に計画やデザインを進めていくための基礎知識を述べていく．まず本章では，景観形成のためのしくみや活動についてみていこう．

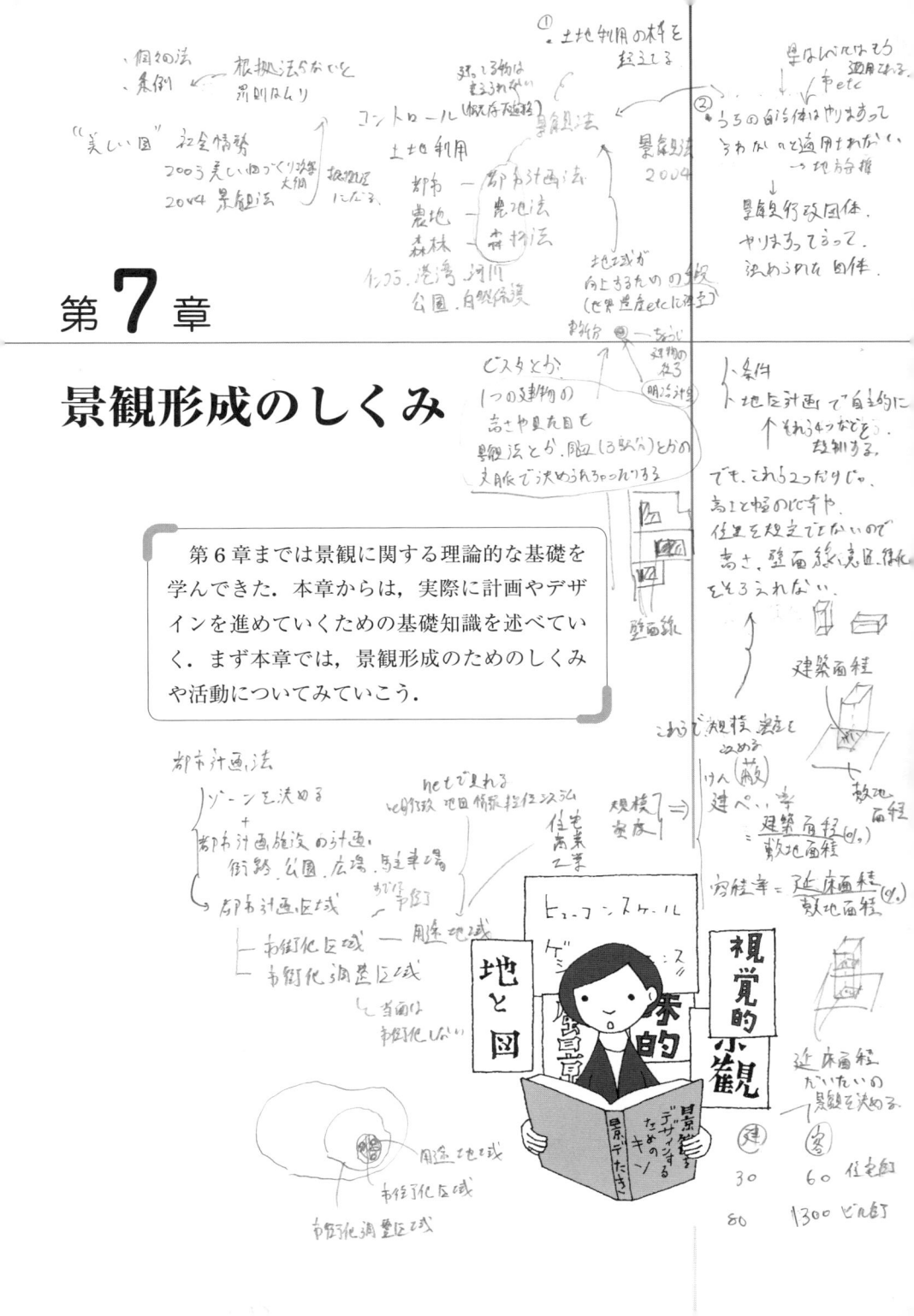

7.1節 景観形成とは

Point!

①成り立ちの違いから,「ある風景」・「なる風景」・「つくる風景」という区分ができる.

②景観への働きかけには,「保護・マネジメント・創造」の三つがある.

本章のタイトルに**景観形成**という言葉を選んだ. 似ている言葉に景観整備や景観計画, 景観設計, 景観づくりなどがある. どれも景観をよくしていこうという行為を表す言葉である. これらの言葉の使い分けは, あまり意識されずになされており, また人によっても受け止め方も異なる. 絶対的な定義はないが, 本書での考え方を最初に述べておく.

●景観の操作による形成

第1章で「なぜ土木で, 景観か」について述べた. また, 第2章では「操作的景観論」という土木が取り組んできた景観論の立場についても述べた. 簡単に振り返れば, 構造物や計画を操作することで,「よい景観をつくろう」という意志と責任感に根ざした立場である.

景観形成も,「よい景観を形成しよう」という意味であり, そのために景観を構成する要素を操作して, よい景観を形成することといえる.

しかし実際に形成するには, どのように形成するのか.「形成」といってもさまざまな形や方法があるので, そこをもう少していねいに考えなければならない. 言葉の微妙なニュアンスは, 結果的にどのような成果を目指すのかに実は深く関わっている.

●ある風景・なる風景・つくる風景

土木の景観分野を開拓し, リードしてきた先輩の一人である**篠原修**は, 風景について,「ある風景, なる風景, つくる風景」という捉え方をしている (図7.1).

ある風景とは, 人間が手を加えないままの自然の風景.

なる風景とは, たとえば棚田のように, 傾斜が急なところで水田をつくろうと工夫を重ねた結果こういう形になったというように, 風景としてどうみえるかを意図したわけではない風景.

　つくる風景とは，庭園や都市計画のように，意図をもってこういうふうにつくろうとしてつくられた風景．つまりこの三つは，人の介入の有無と仕方と意志に注目した風景の捉え方である．「風景」という語が使われているが，「景観」と呼び変えても問題はないだろう．

　いま私たちが"いいなあ"と思う景観は，そこに**ある自然景観**，棚田のような**なる景観**，そして一部の歴史的な都市にみられる強い意志をもって**つくられた景観**である．なお，伝統的な町並みは，つくられたというよりは，生活のための工夫の結果の「なる景観」であるものが多い．一方，妙に違和感のある親水河川整備などは，誰かが一生懸命景観のことを考えてつくったものである．

　こう考えていくと，**景観構成要素を操作する**と一口にいっても，何をすれば操作したことになり，その結果よい景観をつくれるのか，そう簡単ではない．何も手を付けずにおいたり，景観を目的として特別に何かをしなくても，よい景観が生まれることもあるからだ．

（a）ある風景（瀬戸内海）

自然にある状態を人が発見した風景

生産活動の結果，このようになった風景

庭園としてのデザインを考えてつくった風景

（b）なる風景（棚田）　　　　（c）つくる風景（岡山県後楽園）

図 7.1　風景の生まれ方による分類

　しかし，現代では，自然環境も人が何らかの介入をしないと守れない状況にあり，伝統的に存在していた社会や生産のシステムは，グローバル化などによってもはや維持できなくなっている．したがって，「ある景観」をそのまま放置し，「なる景観」ができあがってくるのを待っていても，よいと思える景観は得られない．

●保護・マネジメント・創造

　以上，少し回り道をしたが，現代においては，**あらゆる場面で景観に対して意図的に働きかけ，よい景観を得る努力と技術が必要である**．その働きかけ方には，「保護，マネジメント，創造」の三つがあるといえる．

　保護とは，すでにある良好な景観を維持し，次世代に継承していくための働きかけである．いっさい手を加えないのではなく，適切な管理，保全，活用によって守っていくことである．

　マネジメントとは，よく使われる言葉であるが，なかなか日本語にしづらい．すでにある状態に適宜手を加え，調整しながら，よりよい方向に導く取組みである．社会や環境の変動に対応することも重要である．固定的な目標を完成させるというよりは，継続的な終わりのないプロセスである．

　最後の**創造**とは，新たに優れた景観をつくり出すことである．もちろんその場所の特性や過去をまったく無視して唐突につくるのではなく，関係を調整しながら，なお新しい価値の創造にチャレンジすることである．

　この三つの区分は都市計画で策定することが義務づけられている整備開発保全の方針や欧州風景条約（European Landscape Convention）の「protection, management, planning」といった概念をもとに示したものである．

　つまり，形成といっても単につくることではなく，**保護，マネジメント，創造，というスタンスの異なる働きかけがあり**，地域においてこれらに適切に取り組むことが必要である．

●計画・設計・デザイン

　「保護，マネジメント，創造」は働きかけのスタンスであったが，それぞれにおいて実施される行為には「計画と設計」がある．さらに設計の英語である「デザイン」という言葉は，日本語では「設計」とは少し異なる意味で使われるので，この言葉についても確認しておこう．

　まず**計画と設計**について述べよう．これには，事業を進めるときに，構想，計

画，設計，施工，維持管理と徐々に具体的になっていく流れに対応した使い方がある．計画で位置やスペックを決めて，それに基づいて構造物や空間の具体の姿を設計する，というものである．

しかし「計画」には，それ自体が景観を決める働きがある．後に述べるが，たとえば，都市計画で用途地域と建ぺい率，容積率を決めれば，その地区の景観はおおよそ決まる．つまり，個別の要素を一つひとつ設計することだけでなく，**計画を決めることで景観はコントロールできる**のである．設計の前段階としての計画ではなく，システムやルール，アルゴリズムによって景観を導いていく行為としての計画である．

次に**設計とデザインという言葉**についてであるが，どちらも具体的な構造や形，大きさ，材料などを決めることである．しかし，ニュアンスが少し違う．日本語で「デザイン」というと，見た目の姿についての工夫という限定的な意味で使われやすい．しかし本書ではデザインを，機能と切り離した見た目の工夫という狭い意味では捉えずに，「異なる観点から求められる要請をまとめあげていく行為」と広く捉える（第8章で詳述）．つまり機能や景観などをトータルに考えた設計をデザインと呼ぶ．

7.2節 計画による景観形成

Point!

①景観形成の根本は土地利用計画である.
②景観形成に関わる制度は 100 年以上前から存在していた.

　個々の構造物や空間の設計による景観形成については，第 8 章で述べるため，本節では，計画による景観形成について述べていく.

● 景観法以前のしくみ

　景観に関する制度としては，2004 年に成立した**景観法**がある. これについては 7.3 節で詳述するが，景観形成に関わる制度は景観法成立以前にもさまざまな経緯と蓄積があり，またこれらは現在でも有効である. **景観のことは景観法だけが担っているわけではない.**

　さて，どこまで時代を遡るかだが，視野を広げるために，近代以前についても少し触れておこう. 5.4 節で述べたように，江戸時代には名所という魅力的な景観が随所にあった. また，「なる景観」である歴史的町並みも多くは近世の産物である. ではなぜ，近世には魅力的な景観が形成されていたのだろう. それは社会のルールに拠っていたためである.

　たとえば，森林の保護に対しては過剰な伐採を禁じる令を藩主が出していた. 江戸の町人地の町並みについては，身分制度の維持という面から三階建てを禁じ，また表通りには八百屋などの出店が規制されていた. つまり，環境の保全や社会秩序の維持を直接の目的としたコントロールが，結果的に景観形成につながっていたのである.

　明治時代に入り，海外の制度にも学びながら近代化がはじまる. そのなかでの景観形成は，大きく分けて**都市計画，自然保護，文化財保護**のなかで行われてきた（表 7.1）. **市区改正**と呼ばれた日本最初の都市計画では，街路事業や公園事業のなかで欧米諸国に負けない美観を備えることが強く意識されていた. 1919（大正 8）年にできた都市計画法および市街地建築物法（後の建築基準法）には，**風致地区**や**美観地区**というしくみがあり，「建物の高さは 100 尺（約 30 m）まで」という制限もつくられた.

表 7.1　景観形成に関わる制度のあゆみ

年代		分野				法令［導入された制度］・できごと
		都市	田園	自然	文化財	
1897	明治 30			○		森林法（旧法）［保安林］
1897	明治 30				○	古社寺保存法
1911	明治 44	○				広告物取締法
1919	大正 8	○				都市計画法（旧法）［用途地域・風致地区］市街地建築物法［美観地区・壁面線］
1919	大正 8			○	○	史跡名勝天然紀念物保存法
1931	昭和 6			○		国立公園法
1950	昭和 25	○				建築基準法［建築協定］
1950	昭和 25				○	文化財保護法
1956	昭和 31	○				都市公園法
1957	昭和 32			○		自然公園法
1966	昭和 41	○			○	古都保存法［歴史的風土保存区域］
1968	昭和 43	○				都市計画法改正［容積率制度導入・市街化調整区域］
1969	昭和 44		○			宮崎県沿道修景美化条例（自治体で最初の景観条例）
1975	昭和 50	○			○	文化財保護法改訂［伝統的建造物群保存地区］
1980	昭和 55	○				都市計画法・建築基準法改定［地区計画］
1992	平成 4	○	○	○	○	世界遺産条約を日本が批准
1996	平成 8				○	文化財保護法改訂［登録文化財制度］
1997	平成 9	○	○	○		環境影響評価法
2003	平成 15					国土交通省「美しい国づくり政策大綱」発表
2004	平成 16	○	○	○		景観法
2004	平成 16	○	○		○	文化財保護法改定［文化的景観］
2008	平成 20	○	○		○	（通称）歴史まちづくり法

　文化財保護のためには，1897（明治 30）年に古社寺保存法が，1919（大正 8）年には史跡名勝天然紀念物保存法が制定されている．後者では，**名勝**という**優れた景観地**を保護の対象としている．戦後には文化財保護法が 1930（昭和 25）年に制定され，第 5 章でみたように**伝統的建造物群**や**文化的景観**が保護の対象として順次文化財のカテゴリーに追加されていった．

　自然保護のためには，1931（昭和 6）年の国立公園法，1957（昭和 32）年の自然公園法などにより，開発の規制や適切な活用によって，**自然景観を保護**，マネジメントする取組みがあった．

　このように，景観形成を目的とした制度は，**100 年以上前から存在していた**のである．

● 景観形成の根本は土地利用計画

　上記で述べた景観形成のための制度は，優れた景観資源の保護と建物高さ制限のような個別の要素のコントロールを主な方策としている．たしかにそれは重要かつ効果的である．しかし，ある地域の景観の基調を決めるのは**土地利用**である．どこにどのような土地利用を許すか，つまり**土地利用計画が景観計画の根本となる**．土地利用は，都市，農地，森林といった産業に基づく区分に対応した法制度に基づいて決められる．国土全体に関わる国土計画もあるが，詳細を決めるのはそれぞれの法である．

　特に都市的土地利用を許す範囲，つまり「開発可能な範囲をどこに設定するか」の影響は大きい．まとまった土地利用からなるゾーンをどこにどのように配置するか（**ゾーニング**）と，その境界線をどこにするか（**線引き**）は，実際の地域にどのように適用するかの**運用**によって決まる．日本においては，土地の所有権が非常に強いことと，制度の確立と運用が高度成長期の開発指向の時代に行われたことから，**スプロール**と呼ばれる**都市的土地利用が田園や自然地に拡散する結果を招いた**．

　農地のなかに突然現れるミニ開発やマンション，バイパス沿いに出現する郊外型店舗，都心部に残る未利用地．こうした土地利用の問題が景観問題の根本にある．良好な景観を保護するしくみがあった一方で，土地利用の秩序を確保するしくみと運用がなされてこなかったことが現在の日本の景観の混乱の最大の理由である．

● 都市計画法

　都市的土地利用の計画は，都市計画法によって主に行われる．ここでは景観形成と**都市計画**がどう関わっているかの一例を簡単に述べておこう．

　まず都市計画とは，①都市計画施設（街路，広場，公園など）をつくること（計画し，それに基づいて事業を行う）と，②その場所の土地の利用方法を定めることによって行われる．土地の利用方法については，市街化していくところ（**市街化区域**）と市街化を当面抑制するところ（**市街化調整区域**）を設定し，さらに市街化区域には，建設可能な建築物の種類（用途：住居，商業施設，工場など）とその密度とボリューム（建ぺい率・容積率）を定めた**ゾーニングを行う**．自分の住む家が，都市計画法上でどのような位置づけに指定されているか，確認してみよう．多くの自治体は都市計画の情報をウェブ上に公開している（図7.2）．

　都市において，およそどのような種類の建物が，どれくらいの大きさで出現す

		第一種低層住居専用地域
		第二種低層住居専用地域
	住居系	第一種中高層住居専用地域
		第二種中高層住居専用地域
		第一種住居地域
		第二種住居地域
市街化区域		準住居地域
	商業系	近隣商業地域
		商業地域
	工業系	準工業地域
		工業地域
		工業専用地域
	その他	高度地区・高度利用地区
		景観地区・風致地区・防火
		地区緑地保全地域
市街化調整区域		

都市計画区域

（a）主な用途地域　　　　　　（b）用途地域図の例（東京都新宿区の部分）

多くの自治体がウェブ上で用途地域図を公開している

図 7.2　都市計画法に基づく土地利用のゾーニング

るかは，上記のゾーニングによって決まる．低層住宅地に突然高層マンションが建ち，地域住民の反対運動が起こる例はよくあるが，それはそもそもその地域の用途や容積率の設定が，低層住宅のみでなく規模の大きい建物も許容する緩いものであることによる．いますぐではなくても将来自分の土地にビルを建てる可能性を残しておきたいという地主の希望もあり，土地利用は**規制を緩くする方向で指定されやすい**．まさに景観問題は，**土地利用問題である**．

●地区計画

都市計画法は全国に共通の法律であり，そこで定めることができる項目は一律に決まっている．これに対して，そのまちや地区の特徴を反映して，独自に詳細を決めることができる**地区計画**というメニューが 1980 年に都市計画法に追加された．

地区計画を定める範囲において，住民や地権者の合意によって，詳細な土地利用項目，建物の容積や高さ，街並みへの影響が非常に大きい壁面線（建物の外壁の位置）の指定，緑化，さらには建物の色やデザインなども，法的根拠に基づいて定めることができる．建物高さについては，最高の規定だけでなく，最低高さも規定することができ，低層建物がビルの谷間をつくる状態をなくすこともできる．

地区計画は，実際には再開発や区画整理など，ある場所を面的に開発する際に適用されることがほとんどである．合意形成が容易ではないため，適用される区域および規定項目も限定されているのが実情である．しかし，メニューとしては，

景観法成立以前にも，景観に関わる項目をかなり細かくコントロールできる制度があった（いまもある）ことは認識しておこう．

●景観条例

　景観形成を目的とした**景観条例**が1970年代以降各地でつくられた．「条例」とは地方自治体が独自に定めることができる法律である．1970年代は高度成長期が一段落するとともにオイルショックなどによる経済不安が起きるなど，開発指向に疑問の声が上がりはじめた時代である．そのなかで地域の固有の景観への関心も生まれ，魅力ある街並みづくりの動きもはじまった．

　景観形成の先進的な自治体として，関東では横浜市，関西では神戸市がある．横浜市は景観条例をつくらずに市役所の中につくられた都市デザイン室を中心とした協議型の景観行政を永らく進めてきた（景観法成立後に条例制定）．神戸市は1978（昭和53）年に神戸市景観条例を制定し，「神戸らしい景観をまもり・そだて・つくる」ことを目的に施策を推進してきた．

　平成に入ってから景観条例を策定する地方自治体の数は目立って増加し，景観法制定直前には500件弱に達していた．しかし，その内容は，具体的で実効力のあるコントロールにまで踏み込んでいるものは少なく，「みんなで景観を大切にしていきましょう」という精神条例的なものが多かった．

　その理由は，①都市計画法や建築基準法を超えた規制をすることへの反発が大きかったこと，②建物の色や意匠についての明快な基準を定めることが難しかったことなどがある．さらに，条例は法律の一種であるが，その条例の根拠となる国の法律がない場合，罰則などを条例だけで定めることができない．景観条例は景観法ができるまでその根拠法がなかった．

　こうした制約があるなかでも全国には注目すべき例があり，その一つが神奈川県真鶴町の取組みである．伊豆半島の付け根に位置する人口1万人弱の真鶴町は，バブル期に投資を目的としたマンション建設が進み，環境と景観の破壊の危機に直面した．それを契機に真鶴の自然と集落の景観のエッセンシャルな価値，美しさを守り，それにしたがった開発誘導を行うため，「**美の基準**」というルールを定めた．これはクリストファー・アレグザンダー（Christpher Alexander：1936-）の「**パタン・ランゲージ**」の手法を参考として，数値や形態で基準を示すのではなく，言葉とイメージによるある種の**デザインボキャブラリー**によって，「目指すべき美しさ」を関係者の協議によって獲得していこうとするものであった（図7.3）．1994（平成6）年に「美の基準」を含む「まちづくり条例」

キーワード	前提条件	解決法	課　題
○海と触れる場所	真鶴町に限らず「海と触れる場所」はそこで生活する者と，そこに礼節を持って訪れる者の公共の場であった．それらのおきてに守られて「海と触れる場所」の環境，風景は長い間自然の秩序を保ってきた．	「海と触れる場所」は親水空間にしなければならない．公共に開放すること．海と触れる場所の自然環境をいっそうよくするためのあらゆるてだてを試みること．	・保全区域面積の指定 ・保全整備計画の策定

●このように海辺を独占しないようにする

●たくさんの子供たちが海の慈愛を受けている

●風景の中で充分に小さい見付面積であること

●水際より充分に距離を持ち，公共に開放すること

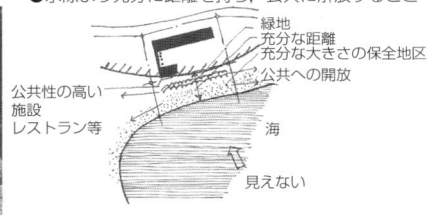

図 7.3　真鶴町「美の基準」（場所に関わるデザインコードの一例）

を制定している．

●海外における景観形成の制度

　ここで海外における景観形成の制度について少し触れておこう．ヨーロッパの美しい街並みなどを見ると，ずいぶんと昔から景観形成のしくみがあったのではないかと思われる．しかし，直接的に景観形成を目的とした法や制度がつくられるのは 1980 年代以降である．それ以前は，歴史的文化的建造物の尊重，良好な都市空間・環境の価値評価，公共的な秩序の優先といった基本的考え方に基づいた開発に対する許可制度や都市計画を行い，これによって結果的に景観形成が行われていたのである．その上でさらに，眺めの保全や計画を導くための制度がつくられている．

　イギリスでは，国レベルで価値が高いランドマークへの眺望保全のために，**戦略的眺望**（strategic view）と呼ばれる取組みが 1990 年代からはじまり，身近なローカル・ヴューの保全にも拡大している（図 7.4）．イタリアでは 1985 年の

ガラッソ法が有名である．国土の荒廃を防ぐために，風景上重要な領域として，海岸線から300m以内，河川の両岸150m，海抜1800m以上の全域を対象として，開発などの規制を行うとともに，すべての州に**風景計画**の策定を義務づけた．

　フランスでは，世界初の歴史的環境保全に対する体系的な法といわれる**マルロー法**が1962年に制定されている．また1967年に示された**土地占有計画**（POS）という詳細な「土地利用計画」を各地で策定することなどを通して，景観を保全する努力が重ねられてきた．パリにおける眺望景観の保全手法である**フュゾー規制**も土地占有計画の中で示されている．その上で，1993年の景観法で明確に，土地占有計画で景観への配慮を義務づけた．

　海外でも景観の保全や規制には苦労をしている．いずれも，それぞれの都市や地域における明快なヴィジョンをもった詳細な土地利用計画を策定することを義務づけ，それによって景観の保全と形成を図ろうとしている．海外の取組みから学べるのは，さまざまな手法を組み合わせ，**地域の総合的な計画に組み込まれてはじめて景観形成は可能となる**という点である．

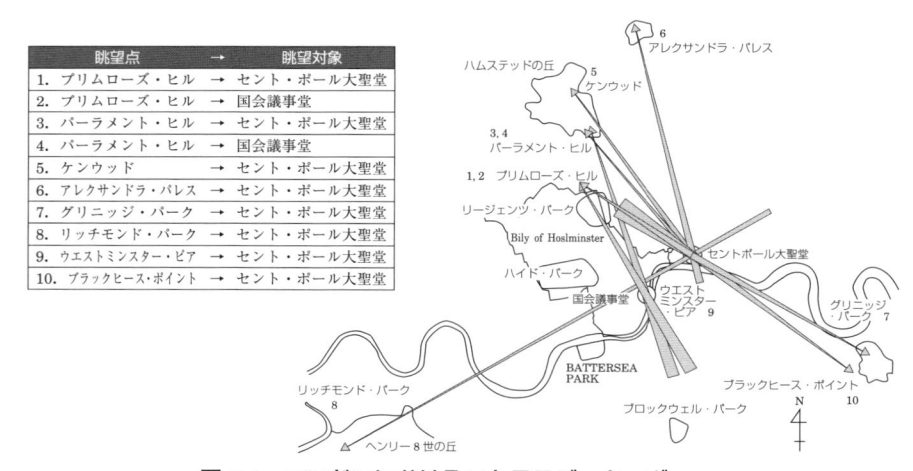

眺望点	→	眺望対象
1. プリムローズ・ヒル	→	セント・ポール大聖堂
2. プリムローズ・ヒル	→	国会議事堂
3. パーラメント・ヒル	→	セント・ポール大聖堂
4. パーラメント・ヒル	→	国会議事堂
5. ケンウッド	→	セント・ポール大聖堂
6. アレクサンドラ・パレス	→	セント・ポール大聖堂
7. グリニッジ・パーク	→	セント・ポール大聖堂
8. リッチモンド・パーク	→	セント・ポール大聖堂
9. ウエストミンスター・ピア	→	セント・ポール大聖堂
10. ブラックヒース・ポイント	→	セント・ポール大聖堂

図7.4　ロンドンにおけるストラテジック・ヴュー

7.3節 景観法

Point!

①景観法は 2004 年に成立した，日本初の景観に関する基本法である．
②景観法の特徴は，適用は自治体の意志によること，既存の縦割りを越えて計画できること，である．

　2004 年に成立した景観法は，日本初の景観に関する基本法である．法律の名称がどんどん長くなる傾向にあるなかで，たった三文字の法律は近年きわめて珍しい．前節までに述べてきた背景をふまえて，景観法の特徴と意義を理解しよう．

美しい国づくり政策大綱

　平成 15（2003）年 7 月に，国土交通省は「**美しい国づくり政策大綱**」を発表した．「大綱」とは大元となる基本方針のことである．当時の国交省の事務次官であった青山俊樹（1944-）の強いリーダーシップでまとめられた方針は，戦後の社会資本整備は，「量は満たしたが質の面で問題がある」，「日本の美しい自然や田園に比べて人工物による景観が非常に見劣りする」といった反省に基づき，「国土を国民一人ひとりの財産として，わが国の美しい自然との調和を図りつつ整備し，次の世代に引き継ぐという理念のもと，行政の方向を美しい国づくりに向けて大きく舵を切る」と宣言した．

　政策大綱の基本的考え方には，「地域の個性重視，美しさの内部目的化，良好な景観を守るための先行的・明示的な措置，持続的な取組み，市場機能の積極的な活用，良質なものを長く使う姿勢と環境整備」が挙げられている．

　このなかの**美しさの内部目的化**とは，社会資本整備において，従来は景観や美しさへの配慮はバージョンアップとして必要な場合にのみ行うと考えられがちであったのに対して，どのような場合でも**原則として美しさの追求を目的に含める**ということである．

　大綱では 15 の具体的施策を挙げ，そのなかの一つに，景観に関する基本法制の制定があった．もちろん一年で法律はできるわけがないので，大綱の発表前から景観法の準備は進められていた．景観法が誕生した時代の背景およびまた景観形成の理念や志の根拠として，この「美しい国づくり政策大綱」は重要である（図 7.5）．

前文

　戦後，我が国はすばらしい経済発展を成し遂げ，今や EU，米国と並ぶ 3 極のうちの 1 つに数えられるに至った．戦後の荒廃した国土や焼け野原となった都市を思い起こすとき，まさに奇蹟である．

　国土交通省及びその前身である運輸省，建設省，北海道開発庁，国土庁は，交通政策，社会資本整備，国土政策等を担当し，この経済発展の基盤づくりに邁進してきた．

　その結果，社会資本はある程度量的には充足されたが，我が国土は，国民一人一人にとって，本当に魅力あるものとなったのであろうか？

　都市には電線がはりめぐらされ，緑が少なく，家々はブロック塀で囲まれ，ビルの高さは不揃いであり，看板，標識が雑然と立ち並び，美しさとはほど遠い風景となっている．四季折々に美しい変化を見せる我が国の自然に較べて，都市や田園，海岸における人工景観は著しく見劣りがする．

　美しさは心のあり様とも深く結びついている．私達は，社会資本の整備を目的でなく手段であることをはっきり認識していたか？　量的充足を追求するあまり，質の面でおろそかな部分がなかったか？　等々率直に自らを省みる必要がある．また，ごみの不法投棄，タバコの吸い殻の投げ捨て，放置自転車等の情景は社会的モラルの欠如の表れでもある．

　もとより，この国土を美しいものとする努力が営々と行われてきているのも事実であるが，厚みと広がりを伴った努力とは言いがたい状況にある．国土交通省は，この国を魅力ある国にするために，まず，自ら襟を正し，その上で官民挙げての取り組みのきっかけを作るよう努力すべきと認識するに至った．そして，この国土を国民一人一人の資産として，我が国の美しい自然との調和を図りつつ整備し，次の世代に引き継ぐという理念の下，行政の方向を美しい国づくりに向けて大きく舵を切ることとした．

　このため，本年 1 月から省内に「美し国づくり委員会」を組織し，延べ 11 回にのぼる議論を積み重ねてきた．課題は多々あるが，「美しさ」に絞って，それも具体的なアクションを念頭に置きながら，この政策大綱をまとめた．これを契機に，美しい国づくり・地域づくりについて，国民一人一人の広範な議論，具体的取り組みへの参画が促進されることを期待する次第である．

図 7.5　「美しい国づくり政策大綱」（2003 年 7 月）の前文

●景観緑三法

　景観法は，平成 16（2004）年 6 月 18 日に公布され，翌年 6 月 1 日に全面施行された．これと同時に，「景観法の施行にともなう関連法律等の整備に関する法律」と「都市緑地保全法等の改正に関する法律」が公布された．景観法と合わせて，景観に関係の深い看板等の屋外広告物と緑に関連する法律を一部改正したもので，この三つの法をまとめて**景観緑三法**と呼ぶことがある．

　屋外広告物については，すでにあった屋外広告物法では，取り締まりの基準や規定は都道府県や政令市によって定められていたが，これを市町村が独自の条例

を定めて規制できるようにした．**緑**に関しては，都市やその近郊の緑の施策は，都市公園法と都市緑地保全法がそれぞれ「つくる・まもる」というやや固定的な役割分担をしていたのを，より総合的な緑の施策とするために，都市緑地保全法の名称を都市緑地法に改めるとともに，使えるメニューを増やした．

　こうした景観法と関連する法律の改正は，行政の決定事項をできるだけ地方自治体に委ねていくという**地方分権**の流れに沿ったものである．

（手書き注記：都道府県／政令市（デフォルト）／その他 市町村（準備して 枚主言う3選定））

● 景観法の特徴

　景観法の特徴は，以下の2点にあるといえる．一つは「**ボタンを押さないとはじまらないこと**」，もう一つは「**既存の縦割りを超えて計画できること**」である．順に説明しよう．

　一つめの表現は，もちろん比喩的なもので，法律ができたから何かが自動的に変わるのではなく，**自らの意志で行動しないと意味がない**ということだ．景観法は，この法律を使って地域の景観形成を行うと宣言して「**景観行政団体**」に認定され，具体的な「**景観計画**」をつくってようやくその効力を発揮することができる．景観法を「使うか使わないか」，「どのように使うか」は完全に地方自治体に委ねられている．

　景観法ができてから10年が経過した2014年時点で，約600が景観行政団体になっている（図7.6）．全国の地方自治体の数は約1700であるから約1/3弱がひとまず"ボタンを押した"ことになる．都道府県と政令市，中核市は自動的に景観行政団体となるが，その他の市町村は自らの意志を示してはじめて景観法を使えるのである．ちなみに景観行政団体認定に一番乗りした市町村は，先に述べた「美の基準」をつくった真鶴町と栃木県の日光市であった．

　二つめの特徴は，市街地は都市計画法，農地は農地法，山は森林法，河川は河川法，道路は道路法というように，それぞれ基づく法律や管轄が異なっている領域に対して，景観計画はこれを横断してつくることができるということである．視線は人が勝手に引いた境界線を超えて伸びていく．「眺め」という観点から**総合的に計画を考える**ことができるのである．

　こうした特徴がある景観法の目的はなんだろう．少し長いが第1条から引用すると，「我が国の都市，農山漁村等における良好な景観の形成を促進するため，景観計画の策定その他の施策を総合的に講ずることにより，美しく風格のある国土の形成，潤いのある豊かな生活環境の創造及び個性的で活力ある地域社会の実現を図り，もって国民生活の向上並びに国民経済及び地域社会の健全な発展に寄

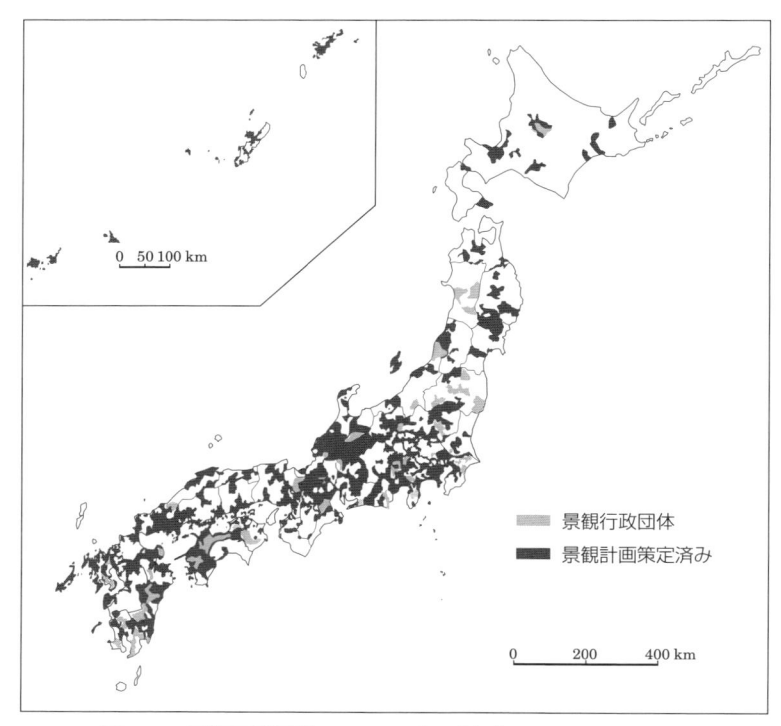

図 7.6　景観行政団体となった市町村（2014 年 9 月時点）

与すること」が目的とされている.

　そして基本理念は第 2 条に示されており，要約すると，「良好な景観は，**国民共通の資産**」であり，「**適切な土地利用**によって整備・保全される」もので，そのあり方は「地域の住民の意向をふまえて**多様**であり，観光や交流にも関わるため**地域活性化**に資する」よう取り組み，「保全だけなく**創出**も含まれる」というものである.

　このように景観法は，地域ごとに考え，総合的な取組みによって，単に眺めをよくするだけでなくそれを通じた地域の活性化を狙っているのである. そのため，景観法のなかではどのような景観がよい景観かについては一言も触れていない. それは「使う人が考えて」というわけである. さらにいえば,「景観とは何か」という定義も示されていない.

● 景観計画・景観計画区域・景観地区

　法律の定めることをすべて理解するのは大変だが，ここでは大まかに景観法で定められることを紹介しておく（図7.7）.

　景観行政団体になった**自治体は，景観計画を定める**．ここでいう景観計画とは，景観法に基づいた法定計画を指し，広い意味での「景観に関する計画」とは区別される.　← ほとんど全域になるのが多

　景観計画では，まずその対象とする範囲（**景観計画区域**）を確定する．そしてその範囲で，景観法が揃えている景観形成のメニュー（後述する）の使い方を示す．もちろん景観形成の方針を示すことも奨励されている．2014年時点で景観行政団体になっている約600の自治体のうち，景観計画を策定したところは約400である．策定された景観計画をみると，**ほとんどが自治体の区域全部を景観計画区域に指定している**．市町村の中で「ここだけ特別に」と選ぶのは難しいためだろう.

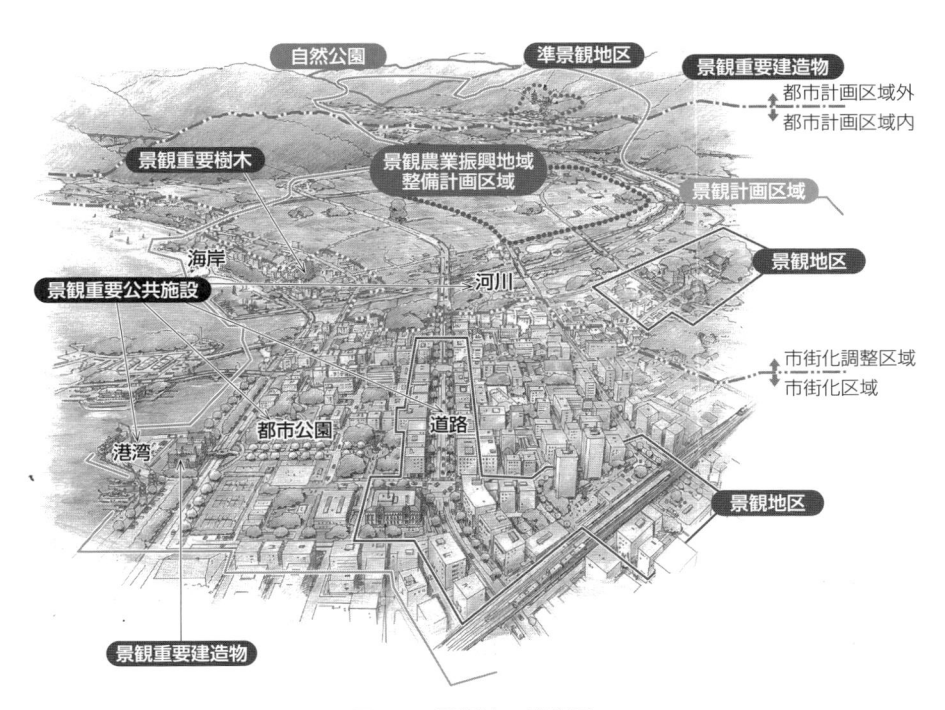

図 7.7　景観法の概念図

　景観計画は，すでに守るべき景観資源があるところだけでなく，これから景観形成をやろうとするところ，放っておくと景観上問題が起きるかもしれないところも対象にできる．しかし，こうして広範囲を景観計画区域とすると，そこでどのような景観形成を行うかの方針を明確に定めることが難しい．特に平成の大合併によって多くの自治体は区域が非常に大きくなったため苦労している．そのため全域の方針は，比較的抽象的な精神的目標のような文言でまとめられているところが多い．もちろん中には，地域をゾーニングして丁寧に景観形成の方針を示している例もある．世界遺産に登録されたり，登録を目指している地域では，その資源に注目した方針が示されている．

　景観法には，より細かく，具体的なルールを定められる地区として，**景観地区**が準備されている．これは都市計画決定によって確定される（都市計画区域以外は**準景観地区**という）．この地区内では建物の形態意匠，高さ，壁面位置などを定められ，都市計画法における地区計画に似ている（そのため，形態意匠に関する規定がある地区計画対象区域に景観法が適用されていることが多い）．

　景観地区を決定するには住民や地権者の合意が必要なので，決定された景観地区は準景観地区をふくめて，2014 年時点で 40 地区ほどである．

●景観重要建造物・樹木・公共施設 ⟵ P.100 文化的景観

　景観計画でその使い方を示さなければならない景観法のメニューについて，述べる．まず，**景観重要建造物**と**景観重要樹木**，そして**景観重要公共施設**がある．

　景観重要建造物と樹木は，文字通り景観的に大切な建物や樹木を指定して，その**保護や管理のサポートをする**というメニューである．文化財としての学術的な価値がなくても，ランドマークになっている建物や田園のアクセントになっている姿のよい樹木などを保全することを狙っている．具体的なサポート内容は，自治体ごとに決定する．

　景観重要公共施設とは，河川，道路，港などそれぞれ**管理者がいるインフラを対象**としたメニューである．これらは景観に与える影響が大きいため，その整備や維持管理には隣接する地区と協同して景観形成を図ることが望ましい．それを促し誘導していくために，施設管理者の合意を得て，景観重要公共施設に指定することができる．

●届け出制度

　多くの景観計画で苦労しながら決められているのが**行為の規制**というメニュー

届け出の必要な行為（一部抜粋）	
建築物の新築・改築など	高さ10m以上または延べ床面積1 000m²以上
	外観に以下の色彩を用いる延べ床面積が80m²以上 R（赤）・Y（黄）彩度3.5以上 YR（黄赤）：彩度5.5以上 GY（黄緑）～RP（赤紫）：彩度1.5以上
工作物の建設など	高さ15m以上
	擁壁・塀などは高さ2m以上かつ見附面積50m²以上
開発行為	面積1 000m²以上

（a）届け出対象

> 多くの自治体と同様に一定規模以上の建物などを届け出対象としている．
> 恵那市で特徴的なのは，目立ちやすい色を使う場合も届け出対象としている点である．

区分	基準の内容
配置 形態・意匠 材質	○主要な眺望点からの山並みや自然景観への眺望を阻害しない配置とする． ○周囲の自然景観や集落景観，町並み，田園などと調和するような配置，形態意匠とする． ○壁面の規模が大きな建築物・工作物は，威圧感や圧迫感を低減させるよう形態意匠を工夫する．また大面積に具象な絵柄や必然性のないデザイン，華美な装飾を施さないようにする． ○光沢のある材料や反射光の生じる素材を大部分にわたって使用することは避ける．
高さ	○建築物および工作物の高さの制限は以下のとおりとする（ただし市長が認めるものはこの限りではない）． ○ただし，以下の基準内の高さであっても，主要な眺望点からの山並みや自然景観への眺望を阻害しないようにする． 　用途地域内　25m以下（7～8階相当） 　用途地域外　15m以下（4～5階相当）
色彩	○素材のもつ自然色を生かし，彩度，明度の高い色彩を基調色として用いないようにする．また農村地域においては，周辺の農地や自然景観に調和した色調とする． ○外観の色彩は以下のとおりとする．ただし，着色していない木材，土壁，ガラス等の材料によって仕上げられる部分の色彩，見付面積の1/10未満の範囲内で外観のアクセント色として着色される部分の色彩についてはこの限りではない． ○使用する色数はできる限り少なくし，複数の色を使用する場合は，色の三属性（色相，明度，彩度）の対比が強くならないよう配慮する． ○マンセル表色系による色彩の基準は以下のとおり．

色相	彩度	明度
R（赤），Y（黄）	4.0以下	
YR（黄赤）	6.0以下	制限なし
GY（黄緑）～RP（赤紫）	2.0以下	
N（無彩色）	制限なし	

（b）良好な景観の形成を図るための基準

図7.8　届け出対象と景観指針の例（岐阜県恵那市）

である．景観計画区域内において，建物や工作物を建設したり，土地を改変する際に，それらが良好な景観を阻害しない，あるいは景観形成に資するように誘導するためにあらかじめ届け出をして，**行政がチェックする**というメニューである．そのため，「何を届け出の対象とするか」，「どんなことをチェックするか」などを景観行政団体は**条例で具体的に決めなければならない**．

　多くの景観行政団体では，**高さや面積を指定して規模の大きい建物や工作物を届け出の対象**としている．チェックの内容は，高さや規模，色，形態意匠について定められる．高さや規模は数字で示される．色については**マンセル値**によって，**あまり彩度の高い色が使われないように規定している**（図7.8）．

　難しいのは形態意匠についてであり，「地域の自然に調和した」，「緑と歴史ある風格のある街並みにふさわしい」などといった定性的，抽象的な表現になる場合が多いが，それを**審査する**機関を設けたり，**ガイドライン**を別途作成するといった**運用の工夫**が行われている．

　景観法に基づく行為の規制は法的根拠があるため,「届け出をしない」,「基準に従わない」などの場合は,氏名の公表や改善命令という措置を下すことができる.きちんとルールを守らせることができるだけに,そのルールのつくり方が難しい.

●景観法の使い方

　景観法には**景観協定**や**景観整備機構**といった,**運用する主体を応援する**メニューもある.法やしくみは,それが定める項目(メニュー)が何であるかだけでなく,それをどう運用するかによって効果は大きく異なる.

　自治体に決定権を委ね,地域の実情と考え方に応じた「自由度の高い制度」として設計された景観法を,どのように使っていくか.その可能性はまだまだ広がっていくと思われる.さらに**届け出制度**などの効果が実感できるまでには時間がかかる.急いで結論を出さず,持続的に取り組むことが必要である.

　また,7.2 節で述べたように,景観法以前からあるしくみの活用や土地利用計画の見直しによる**景観形成**も続けていかなければならない.

　景観法が各地で景観への関心を高めるきっかけになったことは間違いない.景観のことは景観法のメニューだけと限定せずに,景観の保護,マネジメント,創造のためにさまざまな活動を戦略的に連携させていくことが大切である.それが,**景観まちづくり**といえるのではないだろうか.

景観計画の作り方

・景観計画区域を決める.
　↓
・景観資源
　課題　調査
　↓
・目標を決める
　↓
・届け出対象行為と景観形成基準

7.**4**節　景観まちづくり

Point!

①景観まちづくりは，「景観形成自体を目標とする」,「それを手段として用いる」の二通りから考えられる.

②景観まちづくりの目的には，質の向上・アイデンティティ・持続可能性・経済活性化がある.

　景観法や景観形成のための制度について学んできたが，最後に辿り着いたのは，景観形成のためのさまざまな主体によるさまざまな活動とその連携である．ここでは，**まちづくり**と呼ばれる活動について考えていこう．

● まちづくりとは

　「まちづくり」という言葉はいまや日常的に使われる．かつては「町づくり」,「街づくり」, ときに「町作り」など漢字を含んだ表現もみられたが，いまではもっぱらひらがなで**まちづくりと表記される**.

　さて，その定義や起源はというと，これはなかなか特定できない．都市計画や都市整備，開発事業といった漢字が並ぶ「公的」で「専門的」な行為や事象に対して，住民の参加を得る，地域に密着した，コミュニティを重視した，といったソフトな面を含めて考える場合，それを**まちづくり**と呼んでいるといえよう．

　しかし，人によっては「区画整理」をまちづくりと呼んだり，もうすでにまちづくりは行政的になってしまったから別の言葉，たとえば「まち育て」が必要といったりする．言葉は生きものであるから，意味を固定してしまうことはできないが，「まちづくり」という言葉は，さまざまな場面でさまざまな意味に使われている．そうした状況自体が，日本の都市計画，地域計画，整備や開発の特質を表しているともいえる．ちなみに，まちづくりは英訳もなかなか定まらず，community improvement, community development などがあるが，machizukuri と記載されている例もある．

　なお，「町作り」という言葉が使われたはじまりは，1960 年代であり，どちらかというと**行政に対抗した市民活動**というニュアンスがあったと思われる．

　さて，現在さまざまなまちづくりがあり，「○○まちづくり」と呼ばれている．交通まちづくり，福祉のまちづくり，防災まちづくり，そして景観まちづくりもその一つである．どういった分野における活動であるかを示したもので，従来

「○○計画」と呼ばれていたことを，多義的な目標のもとに，多様な主体の参加を得て進めることを意識したときに「○○まちづくり」と呼ぶようになったといえよう．

●景観まちづくり

ここでは，景観をよくしていくことを意識したさまざまな計画，事業，活動を**景観まちづくり**と総称しよう．その際，「景観まちづくり」を二つの捉え方でみることができる．それは，文字通り「景観をよくすることを目的としたまちづくり」（**目的としての景観**）と，何か真の目的のために「景観形成を手段とするまちづくり」（**手段としての景観**）である．

あまりに雑然とした街路景観に対して，不要な看板を外し，電線類を整理し，建物の外観を整え，緑を増やしていくことで，すっきりと整った街路景観を獲得できる．こうした活動は，**景観の質の向上を直接の目的とした活動**である．

一方，衰退した地方都市の商店街がその再生を目的として，**まずは景観整備を行う場合もある．**あるいは，近所付き合いがほとんどない住宅地において，花を植える活動によって目にみえる環境の変化を引き起こし，それによって**コミュニティ形成を図ろうとする**こともある．これらの活動では，景観形成は目標に達するための一つの，しかし**有効な手段**である．

景観の質の向上をめざした結果，商店街が元気になったり，文化活動がはじまったりという当初予想しなかった成果が生まれる場合もあるだろう．良好な景観形成をまちづくりの目的とするのは，それによる地域社会へのポジティヴな影響を期待できるためである．

したがって，色を揃えたり，看板を撤去することにヒステリックに取り組んだ結果，見た目の成果が得られても対立や疲労が残ってしまえば意味がない．**景観まちづくりは，見た目をよくする活動ではなく，本当の意味で地域や環境が望ましい状態にあり，その環境の眺めが"いいね"と感じられるようにする活動なのである．**

●景観まちづくりの四つの目的

各地で取り組まれている景観まちづくりはさまざまである．それらの目的は，大きく分けて四つに整理される（図7.9）．

一つ目は，**環境の質の向上**である．文明が進展するとともに，快適性，秩序，洗練さといった環境の質の向上を求めるのは自然な欲求である．安っぽい材料で

間に合わせのようにつくられ，ゆとりもない都市空間はまだまだ各地にみられる．また「割れ窓の理論」（ガラスが割れたままの地域ではより環境が悪化する）のように，環境の質が低い場所では犯罪など社会問題が起こり，さらに環境の悪化を招く．こうした社会問題を防ぐためにも，眺めを整え，身体感覚的にも快適な環境の獲得をめざすことが必要とされる．

　二つ目は，**アイデンティティの獲得**である．現代では，世界が均質化すると同時に異質なものが隣り合わせに出現する．その結果場所の識別が困難になると，人々は地域へ無関心となり，愛着も育たない．そのため**地域らしさ**，このまちらしさを景観から感じられるようにすることが必要となる．第5章で述べた景観の意味的側面に関わる問題である．

　三つ目は，**持続可能性**である．持続可能性とは，自然環境だけなく，コミュニティ，空間，文化や社会の持続可能性を指す．直接的に景観形成と結びつけづらいかもしれないが，各地で注目されている水辺や公園の近自然化は，かつてそこにあった風景の再生やそこで行われていた遊びや祭りなどの再生にもつながる．何百年と存在した環境が，戦後のわずか50年程度で激変してしまったことへの反省も含め，持続可能な環境の眺めの再生や創造を目的とした活動がある．

　四つ目は，**経済の活性化**である．**観光**が重要な産業となり，第1次産業を**6次産業化**（生産×加工×流通）として価値を高めるためには，産地の景観の魅力は重要な武器となる．かつては交通利便性やものの集積が産業立地の条件であったが，情報産業や知的産業では快適で魅力的な場所であることが重視される．つまり，良好な景観が産業基盤となっている．したがって経済の活性化のための景観形成が必要となる．

　以上，現代社会では社会を崩壊や劣化から守るためにも，未来に向けて持続的

図 7.9　景観まちづくりの目的

に発展させていくためにも，景観形成は重要な役割を担うといえる．

● まちづくりの主体と参加

　景観まちづくりに限らず，まちづくりにおいてはその**活動の主体に地域住民などの生活者が含まれている**．行政や専門家だけでなく，まちづくりが展開される地域で生活する住民や企業などが，自らの問題として議論や活動の実践の一翼を担う．**行政と住民のパートナーシップ（協働）**である．

　近代の基本的なしくみとして，地域の整備，維持管理は行政の仕事であり，住民は選挙権の行使と納税によってその仕事を行政に委託するものだと考えられている．都市部ではもちろん，地方でもそういった関係が拡大している．もちろん町内会や自治会，消防団など，住民が直接地域の仕事を担っているところもある．しかしそれも参加する若手の減少などにより，急速にやせ細っている．

　行政の財政難という現実的な事情だけからではなく，地域活動やまちづくりの主体として，住民が一定の役割を担い続けられる社会をつくることが求められている．

　まちづくりの現場では，1990年代頃から**住民参加が重視**され，ワークショップが盛んに行われているようになってきた．計画やプロジェクトの決定に，**住民の意見を取り入れるため**である．ではなぜそれが必要とされたのか．

　地域に適したオーダーメイドの計画や事業を行うには，**ユーザーである地域住民の意見や要望の反映が必須**であった．同時に，多様化するニーズや意見の**合意形成**には参加の場での**議論が必要**であった．また，策定された計画に沿った活動や整備された環境の維持管理に地域の協力を得るためには，検討段階からの参加によって**当事者意識**をもってもらうことが必要であった．こうした理由が参加を重視する背景にあった．

　しかし，こうした参加は「計画や事業を進めやすくするための参加であった」ともいえる．そもそもどのような社会と環境の中で生きていきたいのか．どのようなライフスタイルを築いていきたいのか．住民一人ひとりが考え，選択し，その実現のために地域と社会に自らコミットメントしていくことが現代では必要となっている．行政がセットした参加のテーブルについて意見を述べるだけでなく，**まちづくりの主体として動く**，そういう人々を支援する，エンパワーメントすることが行政の重要な役割となっている．

●ワークショップ

では，住民の主体的活動を支援するにはどうすればよいのだろうか．

それには，やはり多様な人々が自由に，建設的に，かつ楽しく議論できる場の設定が必要である．そこで議論されるテーマが景観なのか，子育てなのか，エネルギー問題なのかに関わらず，異なる立場の人々が協力してアイディアや計画や合意をつくりあげる創造的な場の設定である．ワークショップはそれに適したスタイルの一つである（図7.10）．

ワークショップとは「仕事場」という意味の言葉であるが，参加者がともに討議したり，現場をみたり，共同で提案をまとめるなどの作業をする場を指す．講義室での授業のように説明する人が前に立ち，参加者が一人ずつ意見や質問をいうスタイルではなく，ともに手を動かしながら重層的なコミュニケーションをとり，目標に向かって作業をする．主催者や専門家はそのような場を設定し，有意義に進むような道具立てやプログラムを準備する．そのためのノウハウや留意点

(a) 参加者が作業をしながら意見を出していく

(b) ゲーム形式を取り入れることも有効

13：30	主催者あいさつ＆スタッフ紹介
13：35	今回のWSの目的と本日のプログラム確認・自己紹介
14：00	まちあるき－大井町の風景再発見！ 大井のまちの特徴を考える三つのコースを実際にあるいて体験しよう ・中山道・銀座通りコース ・武並神社コース ・大井宿場コース
15：00	休憩
15：10	体験した風景についての意見を地図に書き込もう
15：40	グループ成果の発表
16：00	意見交換
16：20	宿題の説明・次回案内
16：25	感想カード記入・あいさつ
16：30	解散

(c) 時間を区切ったプログラムは必須

(d) 成果を伝えるためのニューズレター

図7.10 景観まちづくりワークショップの様子

はかなり蓄積されている．日本の参加型のまちづくりの先駆者である**東京世田谷区のまちづくりセンター**がまとめた「**参加のデザイン道具箱**」などが参考となる．

　「何を議論するか」だけでなく，「どのように議論するか」はとても重要である．対立する意見を創造の源と捉え，参加者自身が環境やコミュニティに関心をもち，自尊心を高めて人間として成長できる機会となるようなワークショップが各地で開催されることで，まちづくりの主体が育つ．ワークショップを学ぶには，**参加**すること，**体験**することが一番の近道である．身近なところからまず参加してみよう．

"図面の見方"

　土木構造物は，道路，護岸，堤防など，細長いものが多い．また，たいていは人の大きさよりも大きいために，実際にできあがったときには，ある延長や広がりをもって人の目に映ってくる．こういった土木構造物の計画設計を行う際には，当然ながら縮尺を縮めた図面でその形を検討する．そして図面は通常紙面や画面を真正面（視線入射角が 90 度に近い位置）から見る．

　一方，図面上のわずかなカーブや折れ曲がりでも，実際にできあがって人が透視的に眺めた場合にはとても強調されて見える．その感覚をつかむために，図面に目を近づけて，線形にそった方向，つまり図面に対する視線入射角をできるだけ小さくして見てみよう．実に簡単な方法だが，道路線形や護岸・堤防法線の見えの形が立ち現れてくる．そして，急に曲がっている，わざとらしい曲線だということに気づくことができる（9.2 節　図 9.5 参照）．

　この方法はできるだけ大判の図面で行うと，より効果的である．模型も上から眺めないで，地面に目を近づけてのぞいてみよう．空間が三次元に立ち上がり，狭苦しい，あるいは茫洋としているなどの課題が直観的にわかるはずだ．ファイバースコープを使えば模型の中心部からの見え方も確認できるが，ちょっと腰を落として見ることからまずやってみよう．

●参考文献

- 篠原修 著，土木デザイン論，東京大学出版会（2003）
- 宮脇勝 著，ランドスケープと都市デザイン―風景計画のこれから，朝倉書店（2013）
- 篠原修 編，景観用語事典 増補改定版，彰国社（2007）
- 谷口守 著，入門都市計画―都市の機能とまちづくりの考え方，森北出版（2014）
- 真鶴町 著，真鶴町まちづくり条例「美の基準」，真鶴町（1992）
- 五十嵐敬喜 著，美の条例，学芸出版社（1996）
- クリストファー・アレグザンダー 著，平田翰那 訳，パタン・ランゲージ，鹿島出版会（1984）
- 西村幸夫・町並み研究会 編著，都市の風景計画―欧米の景観コントロール 手法と実際，学芸出版社（2000）
- 土木学会誌 編集委員会 編，土木学会誌叢書7 景観法と土木の仕事，土木学会（2003）
- 景観まちづくり研究会 編，景観法を活かす―どこでもできる景観まちづくり，学芸出版社（2005）
- 三船泰道 著，まちづくりキーワード事典，学芸出版社（1997）
- 世田谷まちづくりセンター 編，参加のデザイン道具箱，世田谷トラストまちづくり（1993）

■さらに学びたい人のために
- 中村良夫・鳥越皓之・早稲田大学公共政策研究所 編，風景とローカルガバナンス―春の小川はなぜ失われたのか，早稲田大学出版部（2014）
- 齋藤潮，土肥真人ほか 著，環境と都市のデザイン，学芸出版社（2004）
- 西村幸夫，都市美―都市景観施策の源流とその展開，学芸出版社（2005）
- 西村幸夫・町並み研究会 編 著，日本の風景計画―都市の景観コントロール 到達点と将来展望，学芸出版社（2003）
- ジェーン・ジェコブス 著，黒川紀章 訳，アメリカ大都市の死と生，鹿島出版会（1969）
- 田村明 著，まちづくりと景観，岩波新書（2005）
- 田村明 著，まちづくりの実践，岩波新書（1999）
- 篠原修ほか 編，このまちに生きる，彰国社（2013）
- 中川理 著，偽装するニッポン―公共施設のディズニーランダゼイション，彰国社（1996）
- 日本建築学会 編，景観法と景観まちづくり，学芸出版社（2005）
- 土田旭・都市景観研究会 編著，日本の街を美しくする―法制度・技術・職能を問いなおす，学芸出版社（2006）
- 日本建築学会 編，景観再考，鹿島出版会（2013）
- 樋口明彦，川からのまちづくり研究会 著，川づくりをまちづくりに，学芸出版社（2003）
- 佐藤滋，後藤春彦ほか 著，図説 都市デザインの進め方，丸善出版（2006）

室内の目的に合ったサイズが大事

寸法の決め方

・必要なサイズ（動作寸法）+（物品寸法）+（ゆとり）=（設計寸法）

・効率性　基本単位 × 応　モジュール　手すりの高さ　110+10 cm

・美しさ　比率　シンメトリー、黄金比

cf. 建築資料集成

階段

30cm
踏面(T)
蹴上(R) T+2R
15cm = 60〜65cm

お年寄り
階段

蹴上
けあげ

0〜3才 — 自我期
110 cm

錦帯橋
90 mm (原寸恐)

アタッチャビリティ… 室内に対して

自分（本人）がオーダーメイド
できるか（いじれる）

室内への愛着に
大きな影響がある

個性が出る

第 **8** 章

土木のデザインのために

本章では具体的な施設を計画設計していく際に必要な，「デザイン」という考え方について学ぼう．土木の分野が対象とするデザインの特質や基本的な考え方を理解しておくことで，多様な土木施設のデザインを理論的に考えることができるようになる．

8.1 節 デザインのいろいろ

Point!

①デザインとは，異なる観点から求められる要請を統合して形にまとめていく行為である．
②土木のデザインは，時間と空間のサイズが大きく，公共性が高い．

　一口に「デザイン」といっても，人によってさまざまな捉え方がなされているだろう．また世のなかには多様なデザインがある．そのなかで土木のデザインの位置づけと特徴をまず考えてみよう．

● 「デザイン」とは

　デザインと聞くと，どのようなことを思い浮かべるだろうか．何となく色や形をかっこよく仕上げることだろうか．7.1 節でも少し触れたが，design は「設計」という意味だが，日本語のカタカナで「デザイン」というと，少し違ったニュアンスがある．またそれも，人によってかなり異なる．土木の分野では，「デザイン」に対して「ちょっと敷居が高い」，「特別なこと」，「付加的なこと」という感じをもつ人が少なくない．

　しかし，本当に人々の役に立つインフラをつくるためには，その価値や意味を言葉でなく，「体験」として人々に実感してもらわなければならない．東京大学で土木分野の教授も務めた建築家の内藤廣は，**「デザインとは翻訳である」**といっている．大地の上につくられる土木のデザインは，「そこがどのような場所」で「どのような時間」が流れていて，「どのような技術が使われてこれができたのか」を人々が受け入れられるような形に翻訳すること．そういう意味にデザインを捉えている．

　言葉や概念定義によって「デザイン」とは何かを語るのは，なかなか難しい．分野や人によっても幅がある．しかし土木の分野において「デザイン」は，色や形をかっこよくみせることという表層的，付加的な意味に狭く捉えてしまうのは正しくない．構造もコストもトータルに考えてよいものをつくる，人々に受け止めてもらえるものをつくる．そのために，**異なる観点から求められる要請を統合して形にまとめていく行為**，それがデザインである．

● 土木のデザインの位置づけ

世の中にはさまざまなデザインがある．というよりも，現代社会ではデザインされていないものはないともいえる．デザインは商品を考える上でもっとも重要な検討事項である．デザイン家電，デザイン文具，デザイナーズマンションという言葉は，デザインが明らかに価値を持っていて，そのために人々はより高いお金を払うことを示している．逆にユニクロや無印良品は，「無駄を排したデザイン」というデザインが価値として受け入れられている．iPhone や Mac は性能（機能）を徹底的にデザインに翻訳した製品である．

このように日常的に私たちが接し，これがいい，あれがいいと考え，ときに高いお金を払っている関心事には，デザインが非常に大きな役割を果たしている．土木がデザインと無縁でいられるはずはない．

しかし，服やスマートフォンと同じようなスタンスで土木のデザインを考えるわけにはいかない．なぜなら，「誰がどのように使うか」，「どれくらいの寿命があるか」が圧倒的に異なるためである．

図 8.1 は，スケールと公共性によって，さまざまなデザインを位置づけたものである．土木は，空間と時間のサイズが大きく，公共性がもっとも高い分野のデザインを担っているのである．

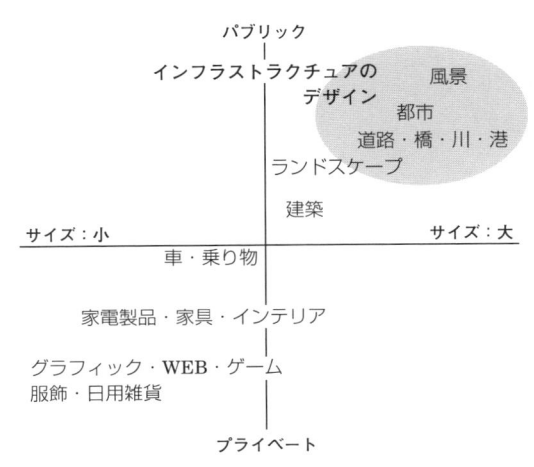

図 8.1　さまざまなデザインの分野の位置づけ

● さまざまな土木のデザイン

　土木の扱う対象は非常に広い．図 8.1 ではインフラを一括りにしてしまったが，空間のサイズもまちなかの公園から長大橋やダムまで，千倍くらいの開きがある．形も，橋のように空間を跨いでいくものから，堤防のように大地の一部となるものもある．土木のデザインの広がりは大きい．

　図 8.2 はイメージとして，その広がり（多様性）を示したものである．対象が異なる，つまり景観における現れ方が異なれば，それを扱うときの考え方も変わってくる．ものとして姿形が独立している塔や橋梁は，力学的構造物としての合理性を基本にしてデザインを考えていくことになる．堤防や護岸は，水の応力に耐える構造物でもあるが，地形という空間の広がりにおける適切な配置から考えられるべきものである．広場や緑地は，そこを使う人の行動や生息する動植物にとっての環境の適切さを基本にして，さらに土地利用となれば，地形や土地条件といった自然条件のもとに，どのような配置をすれば合理的で生産性が高いかを基本にして考えていく．

　このように，扱う対象が多岐にわたる土木のデザインでは，対象をどういうものだと捉え，何を根拠に造形を決めていくのか，その筋道は複数ある．

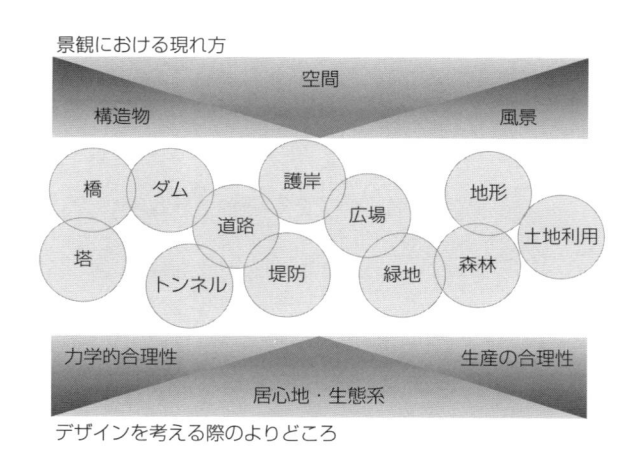

図 8.2　土木デザインの対象とその現れ方

● 用・強・美

　広がりのある土木の分野にも，共通するデザインの基本的考え方はある．その

一つが，「**用・強・美**」といわれるものだ．これはもともと紀元前 1 世紀ローマの建築家ウィトルウィウスが書いたとされる世界最古の建築書に出てくる概念である．建築とは，「用（機能），強（丈夫さ），そして美しさを兼ね備えるべき」ということだ．実用的なものであり，構造として実在し，さらに人々の心に訴えかけるものとして，建築を捉えたともいえる．

これは土木の分野にもあてはまり，これら三つの価値が三位一体となって現れるようにデザインすることを基本的な考え方とすることができる．大切なのは，「三位一体」という点で，用と強を満たしたものに美を上乗せするということではない．

あるいは，橋梁の歴史とデザインの研究者であるアメリカの D.P. ビリントン（Dand P. Billington：1927-）は，塔や橋などの土木構造物のめざす価値を**三つの E**（Efficiency, Economy, Elegance）としている．無駄がなく材料や構造が効率的に機能を発揮し，広い意味で経済的であり，その姿に優美さを感じられることである．世界の名作といわれる構造物にはこの三つの E を備えている．

実用的な土木施設のデザインの基本は，これらの価値の統合の追求である．しかし具体的に用とは，強とは，美とは，あるいは三つの E は何を指すのかは，そう簡単ではない．言葉で考えるだけでなく，実際につくられた構造物をよく観察することが大切である．まずは優れた構造物をじっくりみてみよう．

● シビック・デザイン

7.3 節で「美しい国づくり政策大綱」を紹介した．土木が担う社会資本整備の基本的考え方を美しい国土づくりに資することと宣言したものだ．しかし，2003 年に示されたこの方針に先立って，国土交通省の前身である建設省が土木の計画・設計の考え方示している．それは**シビック・デザイン**と呼ばれ，1990 年代に注目された．その定義は，「**地域の歴史と文化，生態系に配慮した，美しく使いやすい土木構造物の計画，設計**」である．

シビック・デザインという言葉自体は，土木の景観研究をリードしてきた篠原修が，1988 年発行の土木学会誌において，優れた土木のデザインを特集するときに用いた言葉である．当時，「景観設計」と呼ばれることが多かったが，これでは構造設計とは別の設計であるようなニュアンスを与えてしまうことから，「トータルにデザインするのだ」という意図を込めてシビック・デザインという言葉が使われた．シビックとは「市民の，公の人々の」という意味である．

この言葉に，建設省が上述の定義を示し，場所の特徴に関係なく標準的な設計

(a)「公共空間のデザイン
　　　－シビックデザインの試み－」（1994）

(b)「シビックデザイン
　　　－自然・都市・人々の暮らし－」（1996）

図 8.3　建設省（当時）のもとでまとめられたシビックデザインのための本

が行われがちであった土木分野に対して，地域性，歴史性，環境性，使いやすさ，美しさといった「総合的な観点から計画，設計をしよう」と呼びかけたのである（図 8.3）．しかし，時代がバブル期に重なっていたこともあり，安易なグレードアップと誤解されてしまうこともあった．その後の急速な経済社会状況の変化で公共投資の予算縮減が進むと，"シビック・デザインなどやっていられない"という声も上がり，この言葉はあまり使われなくなってしまった．

　しかし，シビック・デザインの定義は，いまも色褪せることはない．土木のデザインの基本的考え方としてしっかり覚えておこう．

●デザイン思想と流行

　時代とともに人々の考え方は変化していく．社会の状況もニーズも変化していく．そのなかでデザインも変化する．ファッションは短いサイクルで，はやりやブームがやってくる．つまり流行である．流行はある面で社会の鏡となり，文化の一部となる．しかしそれは基本的に消費材における話であり，現代では消費を促すために意図的に流行がつくり出されている．

　土木のデザインはこうした流行に対応することはできない．もっとずっとベーシックな価値を社会に提供していくのが使命である．どのような基本的考え方に基づいていくかは，社会と時代に呼応した**デザイン思想，設計思想**として捉えられる．

　たとえば，文明開化の時代には，先進諸国に追いつき，対等な文明国となるために，積極的に海外の技術と意匠を取り入れるという思想があった．

　現在でも高く評価される関東大震災の後の「**帝都復興事業**」は，近代的な機能

の充実を図ると同時に，場所の特徴や周辺要素との関係性を重視するという優れたデザイン思想に貫かれていた．

戦後の高度成長期には，伸び続ける需要にできる限り効率的に答えることが最重要課題とされ，**標準設計**と呼ばれる考え方が表面化した．次いで登場したのがシビック・デザインであり，これも一つのデザイン思想である．

このように，19 世紀末から現在までにもいくつかのデザイン思想の出現，交代が起こっている．なお，デザイン思想はシビック・デザインのように意図的，明示的に示されるとは限らない．後世の人々がその時代の仕事を振り返って，どのような基本的考え方があったのかを読み取ることではじめて明らかになる場合もある．

20 世紀の世界的な設計思想の転換として，**モダニズムとポストモダニズム**がある．モダニズムとは「**近代合理主義**」であり，1920 年代頃から，機能の追求を主眼とし，快適性や健康を技術の力で万人に平等に，効率的に提供することをめざした思想であった．地域や場所に左右されない**インターナショナル・スタイル**と呼ばれる形を生み出した．しかしその結果，地域性や機能として捉えづらい意味や個性の軽視につながり，それに対する批判から「ポストモダニズム」と呼ばれる思想が 1960 年代から現れてきた（図 8.4）．歴史や文化を読み取ったデザインが重視されたが，中には安易なシンボリズムや言葉遊びのような造形も生まれた．

このように，デザイン思想はどれがよく，どれが悪いと簡単にいえるものではない．いずれもそれが生まれる背景があり，また同じ思想に基づいていたとして

(a) モダニズムのデザイン（マイヤールによるサルギナトベール橋：スイス）

(b) ポストモダニズムのデザイン（サンティアゴ・カラトラバによるビルバオの歩道橋：スペイン／ビルバオ）

図 8.4　モダニズムの橋梁とポストモダニズムの橋梁

も質の高いものと低いものがある．重要なのは，なぜそのような思想が生まれた
のか，そこで求められていたことは何かをていねいに理解し，それを参考にして
自分はどのようなデザイン思想に立つのかを深く考えることである．いまはこう
いう時代だからという安易な認識は，流行に乗っているだけの場合がある．

●デザインコンセプト

　デザイン思想が時代や社会に共通する基本的な考え方であるのに対して，個々
のデザインにおいて何を大切なよりどころとするのか，どのような価値をめざす
のかを示すものが，**デザインコンセプト**である．総合的で複数の人がかかわり，
時間のかかるデザインという仕事において，「デザインコンセプト」は首尾一貫
した方針としてプロジェクトをリードしていく芯のようなものとなる．簡潔な言
葉や**ダイヤグラム**などによって表される．
　デザインコンセプトとは，たとえば「安心できる」というような一般的な価値
観や要請ではなく，そのプロジェクトにおいてはどのような安心なのかを具体的
に表すものでなければならない．
　空間の構成やそこに配置される要素の一つひとつまでを導いてくれるような方
針が，デザインコンセプトである（図 8.5）．

「湾をわたる一本の線」というデザインコンセプトから生まれた

（a）遠景からは桁と風除けのパネルによ　　　（b）なめらかな曲線の箱桁とディテール
　　って一本の線としてみえる　　　　　　　　はコンセプトに対応している

図 8.5　牛深ハイヤ大橋
（熊本県牛深市，設計はイギリス人構造デザイナーのレンゾ・ピアノ）

●エスキス

デザインコンセプトは，腕組みをして言葉で考えているだけでは出てこない．手を動かして，イメージスケッチを描いたり，対象地の特徴や人の動線を図化したりといった作業を重ねる中で練られていく．このようなイメージや素案を検討することを，**エスキス（エスキース）**という．フランス語の esquisse，美術用語で試作のための下絵を指す言葉である．

デザイン演習では，課題に対してエスキスを提示し，それをもとに議論する．慣れないと，何をどのように描いてよいのかわからないかもしれないが，思いついたこと，頭に浮かんだイメージをどんどん描いてみればよい．

形のイメージだけでなく，その場所の読み取りや使い方，レイアウトを平面上に丸や矢印を使って描くこともよく行われる．フリーハンドで何度も描き直しができるように，クロッキー帳やトレーシングペーパーを使い，のびのびと描いてみよう（図 8.6）．

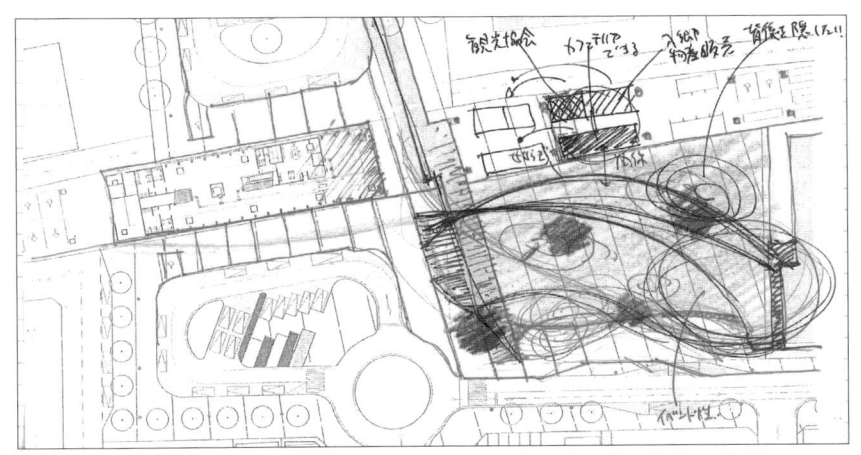

図 8.6　日向駅前広場のためのエスキス（小野寺康都市設計事務所）

8.2節 何をデザインするのか

Point!

① デザインの対象には，「もの」，「空間」，「関係」がある．
② デザインは，「視覚」，「身体感覚」，「意味」の三つのアプローチから考える．

　デザインは奥深い．しかし，あれこれ頭で考えていてもきりがない．手を動かして形を生み出していかなければならない．とはいえ，やみくもに形を考えるのではなく，ある程度論理的に進めよう．ここでは，デザインの思考を広げるための着眼点について述べる．

● もの・空間・関係

　デザインにおいては，直接的には構造物という「もの」の大きさや形などを決める．しかし，同時に「もの」によって規定される周辺の「空間」をつくること，さらには，既にある他の要素との「関係」をつくることにもなる．つまり，デザインの対象には，「もの」，「空間」，「関係」の三つがある．

　橋を例にして，このことを考えてみよう．まずものとして，橋脚や桁，高欄などを姿形よくデザインしなければならない．

　同時に，橋の上や下にうまれる空間の居心地や雰囲気をどうするかも考える．さらには，周辺にある他の要素として上下流にかかる橋や橋詰に建つ建築，川の護岸などとの関係をどのようにするかも重要である．

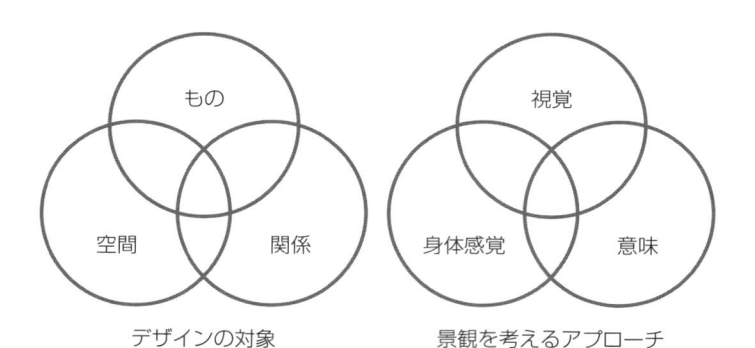

デザインの対象　　　　　　　景観を考えるアプローチ

図 8.7　デザインの対象と景観の考え方

もの，空間，関係は，これまで述べてきた景観を考える三つのアプローチである視覚，身体感覚，意味に対応している（図8.7）.

デザインによって何を操作し，どのような効果を得ようとするのかをこの三つの観点から考えることによって，デザインのアイディアも湧いてくる.

●力の流れと形の成り立ち

ものとしてのデザインを考える際に，デザインで重要になるのは**力の流れ**と**形の成り立ち**である.

まず**力の流れ**とは，力学的構造物としてそれぞれの部分がどのような役割を果たし全体として応力を支えているか，その視覚的なイメージをいう．圧縮と引張，ヒンジ，曲げモーメントの分布といった，基本的な応力に対して形がどう合理的に対応しているか．その判断は構造の専門家でなければ正確にはわからないだろう．しかし，重力のある世界に存在しているさまざまな人工物，植物や動物，地形など自然の造形から，力と形の関係をなんとなく感じ取ることは専門家でなくともできる．支える，引っ張る，持ち上げる，踏ん張る，ねじる，ねばる，バラ

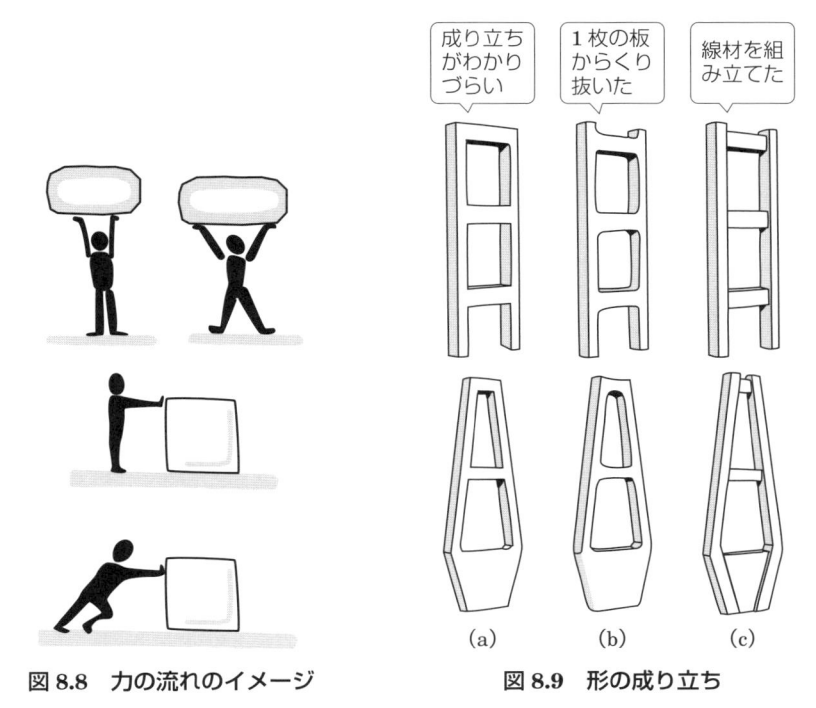

成り立ちがわかりづらい　1枚の板からくり抜いた　線材を組み立てた

(a)　(b)　(c)

図8.8　力の流れのイメージ　　　　図8.9　形の成り立ち

ンスをとる．こういった自分の体で力を感じているときのイメージを重ねながら，形に力の流れが読み取れるかを考えていくことができる（図 8.8）．

これに対して，**形の成り立ち**とは，具体的な材料でそれをつくるときに「どのように加工してつくられているか」という考えに基づく（図 8.9）．

工作や粘度細工などを考えてみて欲しい．棒状のものを組み立てる，板を組み立てる，型に流し込む，削りだす，穴をあける，骨組みを包む，これらの作業の工程はでき上がりの形に現れる．

実際にその通りにならないとしても，ものの形の意図や雰囲気を考える際に，形の成り立ちという観点はヒントとなる．またこの考え方は材料の特性とも関係してくる．スチールとコンクリートでは，材料特性と同時に，それを製作加工する方法が全く異なる．見た目の形だけを自由に考えて，あとからそれを何でどうやって作るかを考えるのではなく，**形と構造，材料を同時に考えられる**ようになりたい．

● 修　景

構造物の設計は，どこからどこまでと範囲がはっきりしている．しかしそれが出現するのは，複雑な形状をした大地の上や，すでに建っている別の施設のそばである．図面や模型ではきちんと配置できても，現場ではうまく形が納まらないところが出てくる．そこをそのまま放置しておくと，仕上がりがとても雑な印象になってしまう．

そのとき，植栽などでその部分をうまくぼかすというテクニックがある．これを**修景**という．「修景」はもともと造園用語で，町並み整備や景観整備でも広く

> 擁壁の下部と道路の間にわずかな土の面を残したことで，植栽による修景が可能となった

図 8.10　擁壁の修景例

使われる．全体の秩序やトーンを整えるために，違和感や問題のある部分に手を入れることである．景のほころびをうまく修めてやるのである（図8.10）．

　まずいところを隠して見た目だけ取り繕うというのではなく，主役のデザインだけでなくその周辺にも気を配って，細かいところにも手を入れていくという積極的な意味で，修景はとても重要なデザインの技法である．

●デザインコード

　実務における設計では，さまざまな基準に沿って構造や寸法を計算して決めていかなければならない．建築には建築基準法によって守るべき基準が定められているが，土木の場合はほとんどすべてが国や自治体，また鉄道会社などの公共性の高い組織によってつくられるため，法律ではなく，国や公共性の高い機関が定めた構造令，規準書，示方書などによって指針が示されている．

　これらは広い意味での**設計基準（デザインコード）**である．技術の進展や社会情勢にともなって，これらの基準は随時改訂されていく．また，建設業の国際化にともなって国内だけで通用する基準ではなく，国際的に使われている基準に沿った設計が求められることもある．

　一方，より直接的に視覚的な効果を意図した**デザインコード**や**ガイドライン**を，地域やプロジェクトに適用することでデザインを整えていくこともある．一般的にガードレールと呼ばれる道路沿いの防護柵については，2004年に景観の観点から基準が定められた．その結果，全国各地で従来使われていた白い板状のガードレールでなく，ダークグレーやブラウンのポール状のものに徐々に変わっている．こうしたスタンダードな要素のデザインの質の向上は，一見気づきにくいが，水や空気のきれいさと同様，欠かせない景観への取り組みである．

●アルゴリズム

　大学の演習でも，CADや構造計算ソフトを使って設計を行うことがあるだろう．現在では，実務ではコンピュータを使わない設計などまずない．その際，使うソフトウェアやシステムは，デザインに大きな影響を与える．

　たとえば，斜張橋は初期のものはケーブルの本数が少なく，タワーも直線的で，非常にシンプルな形をしている．しかし現在ではケーブルの本数も多く，曲線を取り入れたタワーや，桁も複合構造になるなど，バリエーションがとても豊富である．これが可能となったのはコンピュータの性能向上によって不静定な構造の計算が容易になったためである．

　技術の発展はデザインの可能性を広げるが，同時にその技術によってつくりやすい形が増えていくという側面もある．建築では，**BIM**（Building Information Model）と呼ばれる設計と生産をシームレスにつないだ手法や，プログラムによって形態が自動生成される「アルゴリズミック・アーキテクチュア」と呼ばれる手法が取り入れられている．

　こうした手法と技術は，形をデザインするのではなく，「形や生産を決めるアルゴリズムをデザインする」と考えられる．何をデザインするのかには，デザインのプロセスで使われる道具をデザインするということも含まれる．

●ネーミング

　デザインは，構造物や空間がどのようなメッセージをもっているかを「形にして届ける行為」である．言葉で説明しなくても，人々が自然に使ったり，理解できるように仕上げなければならない．使い方を示すサインで人を誘導するようでは，よいデザインとはいえない．デザインとは**言葉によらない**コミュニケーションであるといえる．

　その上で，人々がイメージを膨らませ，対象を了解することができるように，適切な**ネーミング**（名づけ）を考えることもデザインの重要な一部である（5.3節参照）．

　橋の名前を公募したり，広告収入を期待してネーミングライツを企業に与えるなど，インフラや公共施設の名づけの方法がデザインコンセプトと無関係に決められることも多い．しかし広く深く豊かなイメージを人々が共有できる名称を責任をもって決めることまでが，デザインの大切な仕事に含まれる．

●コラボレーション

　デザインは，誰によって行われるのだろうか．建築は建築家の個人名が出るのに対して，土木のデザイナーの名前はほとんど表面にでない．しかし，海外では優れたエンジニアの名前は，広く人々に知られている．

　土木の仕事は，リーダーとなる人とその協力者による非常に多くの作業を重ねることで進められるが，特に分野や専門の異なる人との協働によって創造性を高めようとすることを**コラボレーション**という．音楽や商品開発でも，"コラボ"を売りにすることは多い．異質な才能や考え方が出会うことで，新たな発想を生み出そうという狙いである．

　土木のデザインではコラボレーションによって，単一の専門性ではカバーでき

（a）土木技術者の樺島正義が全体構造を設計

（b）建築家の妻木頼黄が
　　装飾を担当

図 8.11　土木と建築のコラボレーションの古典的な例（日本橋 1911 年竣工）

ない領域を互いにフォローし合い，また，見方が異なる人が加わることで単視眼的発想にならず，多様な観点からの創造性がうまれることが期待される．土木の設計者と建築家や造園家のコラボレーション，エンジニアとデザイナーのコラボレーション，さらには専門家と市民のコラボレーションなどがある（図 8.11）．

公共物としてのデザイン

みんなが気持ちよく利用できるデザインね〜

Point!

①公共的な土木のデザインには，「利用の公共性」・「プロセスの公開性」・「しくみの公正性」が求められる.
②土木のデザインには，時とともによくなっていき愛着が増す，広い意味での耐久性が必要である.

　土木のデザインの特徴は，何といってもその**ほとんどが公共的である**ということだ．単に公共事業として行われるという意味でなく，**利用や帰属の公共性**についても考えたい．

●パブリック・デザイン

　公共というと，なんとなく役所を思い浮かべてしまうのではないだろうか．民間や個人ではなく，「市役所などが扱うもの」というイメージである．民営化による競争原理の導入や民間委託など，「官」から「民」への流れをよしとする背景には，「役所がやっていると効率が悪い」，「お役所仕事だ」という批判がある．市民は役所を基本的にあまり高く評価せず，その一方で就職先としての公務員は人気が高い．よく考えると不思議な現象である．

　公共という言葉は，「public（パブリック）」の訳語としてつくられた．**パブリック**とは，プライベートや個の対概念で，「公の」と同時に，「ともに」という意味がある．民間が所有していても「ともに」人々が使えれば，それはパブリックである．都市における**パブリック・スペース**とは，その所有にかかわらず，みんなが使える，開かれている空間を指す．

　土木構造物や施設はパブリックな存在であるから，そのデザインを考える際にも，パブリックであることから求められる要件を考えておきたい．それは独占されるのではなく**価値や利益が共有されること**，そこへの**参加や情報が開かれていること**，そして資金を効果的に使いルールや基準に沿って**公正に行われること**，である．

●利用の共有性

　パブリック・デザインでは，利用者は特定の人でなく，**さまざまな人々を想定**しなければならない．子どもからお年寄りまで，健常者だけでなく障がい者の利

多様な機能をシンプルな形で満たしている

(a) 水制工によって水際へのアクセスや　空間の分節が生まれている

(b) 自然石の空積みの水制工は生態系に　も寄与する

図 8.12　古鼠水辺公園の水制工（豊田市矢作川）

用も考えなければならない．こうした用件を満たすだけでなく，想定される多様な利用をその空間がゆったりと受け止められようにすることが，デザインの中心課題となる．たとえば，水辺を考えた場合，釣りをしたい人，子どもと水遊びをしたい人，生きものの観察をしたい人，あるいは，自然なデザインを好む人，都市的なデザインを好む人というように，要求や好みは多岐にわたるだろう．しかしそれぞれの目的に応じた空間を幕の内弁当のように並べても，豊かで使いやすい空間は得られない．

　逆に，**シンプルな形でも多くのニーズを満たす**ことができる．たとえば，伝統的な河川構造物である水制工は，水流をコントロールして護岸を守る機能のほかに，人々が水に近づける，舟をつけやすい，下流側に静水域をつくり生き物の棲息場所を提供する，単調になりがちな眺めを分節するといった多様な機能を持っている（図 8.12）．また，土木のデザインは寿命が長いため，**環境が変化しても価値が持続できる**ような尤度をあらかじめ考えておきたい．もっとも有効なのは，空間にゆとりをもたせておくこと，改築・改修の余地を残しておくことである．

● バリアフリーとユニバーサルデザイン

　「人に優しい」という言葉は，土木の分野でも広く使われるようになった．障がいがある人にとって行動のバリアとなるものをなくそうとする**バリアフリー**，また健常者か障がい者かを問わずすべての人々にとって使いやすい**ユニバーサルデザイン**は，パブリック・デザインにおいては当然検討するべき観点である．なお，ユニバーサルデザインとは，アメリカ人建築家が提唱した概念で，ヨーロッ

パでは「design for all」といういい方もされる.

駅などの交通機関を対象とした通称**交通バリアフリー法**が 2000 年に施行され, その後, 2006 年に交通に限定しない**バリアフリー新法**（**高齢者, 障害者等の移動の円滑化の促進に関する法律**）ができた. スロープの勾配など具体的な数値基準は県などによって定められている. また, 河川や海岸でも障がい者のアクセスを可能にするスロープの設置などが進んでいる.

法や基準が整備されるとともに,「バリアフリーが必要」という認識が広がったことは望ましいが, 数値基準を守ることだけが目的化している例もある. パブリックなデザインが備えるべき質は, 特定の人だけのためではないこと, 特定の人を排除しない共有される価値を広げることである. そういった質を満たすための参考として, バリアフリーの基準値を使っていこう.

● プロセスの公開性

パブリック・デザインの「**開かれていること**」とは, 利用者が開かれているだけでなく, デザインを決めていくプロセスが開かれていることも含んでいる.

「役所が勝手に決めた」とは, 公共事業に対する批判の常套句である. こうした批判が出ないように, 誰がいつどのようにして決めたのか情報を公開し, またそれに対して要望や意見をいう機会を確保する**パブリック・インボルブメント**（PI）という手法と手順が整ってきた.

アメリカの交通政策の議論においてはじまった PI は, 日本では 1996 年に道路整備 5 カ年計画を策定するために大々的に取り組まれた. 以降, 都市計画や条例などさまざまな計画や政策決定をする際に, **パブリック・コメント**（俗称, パブコメ）として, 広く市民が意見をいえる機会を確保するようになっている.

具体的なデザイン案に対しては, パブコメというよりも, 7.3 節で述べたワークショップやアイディア募集など, より明確な主体性をもった参加によって検討される場合がある. 専門家によってデザインが決められる場合でも, そのプロセスを開く方法はある. **デザインコンペ**である.「コンペ」とは, コンペティションを略した言葉で設計競技のことをいう. 条件に沿ったさまざまなデザイン案を募り, それを審査し,「最もよいものを選ぶ」というプロセスである. 日本の土木の分野では例が少ないが, この方法で作られた作品には高い評価を得ているものも多い. 応募された作品の展覧会や場合によっては審査を公開で行うことによって, そのデザインの意図や価値を広く伝え, 市民の関心を高めることができる（図 8.13）.

図 8.13　コンペの応募案や審査の様子を公開した例（仙台市地下鉄東西線）

● 社会実験

　ダムや橋は「試しにつくってみる」というわけにはいかないが，公園や広場，水辺などでは暫定的な状態で様子をみながら設計を詰めていくことができる．特に交通広場や道路など，人々の行動が重要となるデザインでは，最終的な形を決める前の実験的状態を一定時間とることが有効である．こうした人々の参加を得た試みを，**社会実験**という．

　設計図やシミュレーションによって効果を予測しても，パブリックな空間では多様な要素や人々が関係するので，すべてを予測することは不可能である．たとえば，街路の通行帯区分を変えて歩行者空間にゆとりをもたせる整備をしたらどうなるか．そのときの人や車の交通への影響を社会実験で把握するために，現地に仮設物でレーンを分けて観察する．その結果をもとに，本設のデザインを決めることで，より使いやすいものにできる．また実験自体がプロジェクトの広報となって，人々の関心を得る効果も期待できる．

　公共事業は決められた通りに行うことが前提で，途中での変更はきわめて難しい．しかしやってみなければわからない点も多いのだから，そのプロセスを公開しながら管理していく方法によって，最終的に無駄なくよりよい成果を得ることを考えたい．

● しくみの公正性

　土木のデザインは，ほとんどが国や地方自治体によって税金を使って行われる．また鉄道会社や道路会社など民間が主体となるものもある．しかしこれらも

公共性が高いために国などの認可を必要とし，補助金を得る場合もある．そのため土木のデザインは，広い意味での公共事業として公正な基準や適切な事業費の使い方が求められる．

公共事業では，常にコストを下げることが求められている．しかし，性能を落として安くする，つまり「安かろう悪かろう」では長期的にみれば無駄や負担が増える．大切なのは価値と予算の適切な関係であり，バリュー・フォー・マネー（value for money）という考え方に基づいた判断である．

強度や規格が数字で説明しやすいのに比べて，デザインによって獲得される質を客観的に示すことは難しい．しかし数字で示すことだけが公正を確保する方法ではない．デザインコンセプトにはじまり，そこに込められた意図や工夫を説明し，意思決定者の合意を得ることは公正な方法である．

景観やデザインの質は，本書で述べてきた「三つのアプローチ」や知見に沿って，かなり**論理的に説明**することができる．デザイナーの主観や吟味されていない方法で採取された一部住民の要望に頼らず，冷静でわかりやすい説明を考えよう．質の高いデザインとは，論理的で簡潔なものである．

●維持管理のデザイン

土木のデザインは「完成したときがベスト」では困る．長期にわたってその質を保ち，逆に時とともによくなっていくデザインが求められる．屋外にあって風雨にさらされ，時に過酷な使われ方をするパブリック・デザインでは，**広い意味での耐久性が求められる**．汚く汚れていくのではなく，時間とともに落ち着いたり，味わいが深まる効果を**エイジング**という．「年（age）を重ねていく」という意味である．古い石積みにはエイジングの効果がよく現れている．コンクリートもあらかじめエイジング効果を考えた表面処理を工夫すれば，見え方は落ち着いてくる．一方，人工素材であるプラスチックなどの樹脂系は，一般的にエイジングが期待できない．

維持管理もデザインにおいて重要な事項である．「草が生えるのでコンクリートで固めてほしい」，「点検が楽なように橋の排水管は全部外側につけてほしい」，「腐るので木は使わないでほしい」といった要望は管理者からよく出される．維持管理コストが削減されるなかで，切実な要望であるともいえる．しかし同時に環境の価値も下げることになる．

デザインの段階でできるだけ維持管理が容易になる工夫をすることは当然であるが，「安かろう悪かろう」の流れに乗ったデザインは，最終的には無駄や負担

の増加につながる．むしろデザインにおいて重視したいのは，**人々が愛着をもち，大切にされることで，永く使われる構造物をつくることである**（図 8.14）．〔*嬉しいだろうな*〕

傷みや機能の不足が現れてきたときにも，「さっさと壊して新しいものにしてほしい」といわれるのではなく，「なんとか補修して使い続けたい」といわれるようなものづくり．またそうして引き継がれることで，地域とともに時を重ねていく，時を超えたデザインを考えていきたい（図 8.15）．

> 公園の管理と住民の活動もデザインの対象として考えられている

図 8.14　古河総合公園（茨城県古河市）

> 補修を行い使い続けることを地域が望んだ

図 8.15　重要文化財に指定された長浜大橋（愛媛県大洲市）

Column

〔*P.160 と被ってる*〕

"用・強・美"

　土木構造物の設計やデザインについて語られるときに，「用・強・美」という言葉が用いられることがある．備えるべき質を端的に表したものである．

　これはもともと，世界最古の建築書といわれている，ローマ時代の建築家マルクス・ウィトルウィウス（BC8〜70 年頃（−AD15 年頃））による「建築について」または「建築十書」と呼ばれる本に示された言葉である．人々の生活の用に充分応え，丈夫で，しかも美しいことが，建築物が備えるべき質として遥か二千年前に示された．そのときから技術も人々の生活が求める用途も大きく変わり，何が美しいかという価値観にも新しいものが次々と生まれているだろう．しかし，この三つの観点は，建築のみならず，土木構造物においても，現代でも通じるといえよう．

　一方，用，つまり機能を重視すると美が損なわれる，あるいは美を大切にすると機能が劣る，と考える人もいるが，土木構造物の求める美とは，そのような美ではない．用・強・美が三位一体となった形で実現できるような，用・強・美それぞれを追求しなければならない．そう考えたときに，用・強・美とはそれぞれどのようなことを指すのだろうか．具体的にどのような状態を言うのであろうか．「用・強・美」といった時点で思考停止してしまうのではなく，今考えている対象においてそれを具体化するためは，どのようなことを考えたらよいのか，もう一歩，さらに一歩と深めていきたい．そのためには，構造物の歴史や技術論についての本や，そこでとりあげられている多くの具体例の観察を日頃から行うことが必要となる．

　たとえば，アメリカの構造史家の D. P. ビリントン（D. P. Billington：1927-）は土木構造物が備える質を，「三つの E である」と言っている．Efficiency, Economy, Elegant である．材料を効率的に合理的に使い，経済的で，エレガントな構造物として，世界の塔や橋について論じている．

　時代を超えて評価される考え方や作品と，技術の進展による新たな可能性．この幅の広さも土木構造物のデザインの魅力である．

● 参考文献

・内藤廣 著，構造デザイン講義，王国社（2008）
・D. P. ビリントン 著，伊藤学・杉山和雄 監訳，塔と橋―構造芸術の誕生，鹿島出版会（2001）
・建設省中部地方整備局シビックデザイン検討委員会 編，公共空間のデザイン―シビックデザインの試み，大成出版社（1994）
・建設省中部地方整備局シビックデザイン検討委員会 編，シビックデザイン―自然・都市・人―の暮らし，大成出版社（1996）
・篠原修 著，土木デザイン論，東京大学出版会（2003）
・土木学会 編，篠原修 著，新体系土木工学 59 土木景観計画，技報堂出版（1982）
・杉山和雄 著，橋の造形学，朝倉書店（2001）
・中村良夫 著，湿地転生の記―風景学の挑戦，岩波書店（2007）

■さらに学びたい人のために
・内藤廣 著，環境デザイン講義，王国社（2011）
・内藤廣 著，形態デザイン講義，王国社（2013）
・イアン・L・マクハーグ 著，下河辺淳・河瀬篤美 監訳，デザイン・ウィズ・ネーチャー，集文社（1994）
・石川初 著，ランドスケール・ブック 地上へのまなざし，LIXIL 出版（2012）
・馬場俊介，佐々木葉ほか 著，景観と意匠の歴史的展開，信山社サイテック（1998）
・大熊孝 著，技術にも自治がある―治水技術の伝統と近代，農山漁村文化協会（2004）

第 9 章

それぞれの土木デザイン

最後の章では，土木の代表的な分野のデザインにおける考え方を学ぼう．どのような形がよいかではなく，「何を大切にするか」，「どのような点に着目すればよいか」を示していく．場所ごとに異なる土木のデザインでは，マニュアルを見る前に，こうした「考え方」を押さえておくことが大切である．

9.1節　構造物のデザイン

Point!

①橋などの構造物のデザインでは，その見えの形を，周辺環境との調和とともに考えることが基本となる．
②構造物自体のデザインでは，ディテール，形とサイズ，材料を一体的に考える．

　土木デザインの対象は，ほとんどすべてが**構造物**といってもよい．さまざまな外力を受け，目的とする機能を果たすものを鉄やコンクリートを使ってつくる．8.2節で述べた力の流れと形の成り立ちは，構造物のデザインの大きな特徴である．ここでは，橋や塔のような地上にはっきりと形が現れてくる構造物について考えていく．

構造物の見え方

　橋などの土木構造物は，それによって規定される空間から考えることも重要であるが，やはり「構造物それ自体がどのように見えるか」がデザインの中心課題となる．構造物の見えの形である．また，それは必ず周辺の他の景観要素とともに眺められ，視点の位置を変えると見え方も変わる．したがって，まず「どこからよく眺められるか」，**対象構造物に対する主要視点場の検討が必要である**．

　それぞれの**視点場**から**対象構造物までの距離**，**俯角や仰角**，**シークエンス**などをイメージしておきたい．一つの代表的な視点場からの見え方だけでなく複数の方向から，また遠景，中景，近景と，視距離を変えて検討する．

　なお，山のなかの橋などはそれを眺める視点場がなく，ほとんど人にみられないこともある．その場合，「景観検討は不要だ」といわれることがあるが，技術者の倫理として，一般の人々に見られない場合でも，ものとして適切に美しく仕上げる姿勢が必要である．

周辺景観との調和

　構造物がすでにある景観のなかでどのように見えてくるか，つまり新しく挿入される景観構成要素として，どのような役割を果たすのかが，土木デザインの基本として，最も重要である．つまり，**周辺景観との調和**を考えることである．しかし，調和とは何だろう．

　これに対して 1936（昭和 11）年に出版された加藤誠平（1906-1969）の『橋梁美学』に，環境との調和について，「**消去・融和・強調の三つの考え方がある**」と示されている．加藤誠平は林学の分野から観光や景観にも言及し，上高地の河童橋のデザインを提案した人物である．すでに美しい自然風景があるなかに，どのように人工物をつくっていくか．その仕事を通じて，できるだけ目立たなくする**消去**，人工物と自然とのコントラストを際立たせる**強調**，両者の中間的な**融和**という考えを示した．

　建設される場所の特性と，建設される構造物の要件から，基本的方向性として，「三つのうちのどれをめざすか」をまず考える．

　なお，「強調」とは，周囲を無視して構造物が自己主張するのではなく，周囲とのコントラストによって「周囲と構造物の双方の魅力が高まる」ということである．自然や伝統的なものなかに現代の人工構造物がポイントとして挿入されることで，いままで以上に周辺の特徴が際立つようにすることが大切である．

●構造形式

　橋には桁，トラス，ラーメン，アーチ，吊りなどの形式がある．ダムにも**アーチ式**，**重力式**という形式がある．これらは**構造形式**と呼ばれ，応力をどのようなシステムで支えるかによる分類である．

　構造物の形は構造形式によっておおよそ決まるため，どのようなデザインにするかは「どの構造形式を選ぶか」と，考えられやすい．しかし同じ形式でも形はさまざまであり，さらに複雑な解析が可能な現代では，単純な形式に分類できない構造デザインが可能である．そのため，模式図的な構造形式のパタンから発想することにあまりこだわらないほうがよい．

　そもそも構造形式は，引張，圧縮，ねじり，剪断という力に対して，どのように対抗するかを効率のよいシステムとしてパタン化したものである．橋梁は側面で，ダムや擁壁は断面でその形式が示されるが，構造物は三次元であるので，もう少し多面的に力の流れのシステムをイメージできるようにしたい．

　図 9.1 は構造システムを三次元的に展開した模式図である．常にこういった図を眺めているのと，橋梁の側面図としての構造形式図を眺めているのでは，デザインの発想のタネの蓄積に差が出てくる．

　アーチ橋，斜張橋という橋の分類名称を覚えるというよりも，「各部材がどのような応力を分担しているのか」，「それがどう伝達しているのか」という**力の流れ**として**構造形式**を理解し，**力の流れをイメージできるようにしよう**．

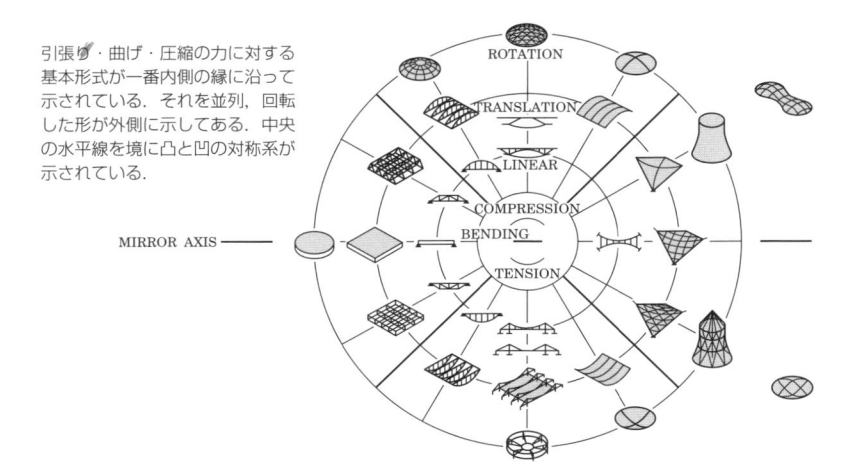

引張り・曲げ・圧縮の力に対する基本形式が一番内側の縁に沿って示されている．それを並列，回転した形が外側に示してある．中央の水平線を境に凸と凹の対称系が示されている．

図 9.1　マイク・シュライヒによる構造形式のダイヤグラム

● ディテール

　ディテール（detail）とは細部のことである．特に建築や構造物のデザインにおいては，「**細部のおさまり**」という意味で使われる．形や部位の接合がきちんとおさまっているかは，**機能と同時に眺めの印象**に大きく関わる．建築では雨が漏らないように，窓や扉がスムーズに動くようにといった機能的な面からもおさまりはデザインの最も重要な項目になっている．

　これに対して土木構造物では，全体が大きいことと，建築ほど多様な要求がないこともあってディテールが重視されない傾向にある．しかし，表面の汚れの防止などの機能性と視覚的印象，そのどちらに対しても，建築と同様に重要なデザインの配慮事項である．

　ディテールは，**構造物本体と一緒に考える**必要がある．コンクリートの面がまだらに汚れると，汚い印象を与える．汚れは水とともに付着するので，面の微妙な傾き，水切りや目地の配置といったディテールをきちんと押さえることが，まず機能的に必要となる．

　構造物全体の印象は，部材の端部や接合部に段階性のある形が見えるか見えないかによって，大きく異なる．端部や接合部がつるつるで，フラットにおさまっているか，あるいはそこに枠や縁取りやつなぎなどの，部分的な造形が見えるか，である．この違いは，ディテールの仕上げ方の違いによってうまれる（図 9.2）．

　フラットにおさめると，すっきりするが，逆にそれが何からどのようにつくら

(a) 同じアーチ橋でもディテールによって印象が大きく異なる（左：シンプルな辰巳新橋，右：接合部が特徴的なフランスのクレテイユ歩道橋）

(b) 化粧やカバーを用いず，構造部材そのもののデザインの完成度が高いイナコスの橋（大分県別府市）

図 9.2　橋のデザインにおけるディテールの重要性

れているかが把握しづらく，大きさを知る手がかりも薄れる．一方接続部に細かい細工をしておさめてあると，光のあたり具合や視距離によって見え方が変化し，表情と親しみのある印象となりやすい．歴史的な構造物の魅力の一つは，複雑な接合部のディテールにある．

　こうしたおさめ方の違いには，技術も大きく関わっており，構造物の個性や特徴は，全体の形だけでなく，ディテールによく現れる．

　そのため，**構造物のデザインコンセプトを形に表現するには，ディテールまで含めて**，デザインをつめていく必要がある．

●形とサイズ

　デザインの検討において，「この形は，このサイズ（大きさ）でも素敵に見えるだろうか」と考えることは重要である．同じ形でもそれが 10 m なのか，100 m なのかで形の印象が変わるためである．実際の空間に出現する土木構造物**の形は常にサイズとともに考えなければならない**．

　つまり，いいと思った形をそのまま拡大・縮小しても，必ずしもよく見えない

のである．その理由は，一つには構造物が「**構造を支えるもの**」であるからだ．

　面積は2乗，体積は3乗なので，同じプロポーションで巨大なものをつくっても構造的に成り立たない．材料を工夫するなどして無理に同じ形でつくると，逆に違和感が生じる．

　また，構造物は施工上の理由などからすべての形を同じ倍率で拡大・縮小することができない．たとえば斜張橋は，タワーの高さが数十mでケーブル本数も多い大規模なものであると，とても優雅に見える．一方，小規模になるとケーブルの定着部が意外と大きく，全体としてごつごつした印象になってしまうことが多い．眺める距離の近さもあるが，構造物のプロポーションはサイズが小さくなるほどに，ずんぐりしがちである．サイズが小さい構造物は，視覚的な影響が相対的に大きくなるディテールや端部などに気を配らないと，すっきりと見えない．形とサイズおよび材料を一体的に考えられるようにしよう．

9.2節　アース・デザイン

Point!

①堤防や護岸，法面などは，大地の一部として造形を考える
アース・デザインという考え方で取り組む.

②アース・デザインでは，地面に近い位置からの見えの形
と，「地」としてのテクスチュアが重要となる.

　橋や塔は土木デザインの花形だが，堤防や砂防施設は自然の猛威から人々の暮らしを守ると同時に自然を守るために，大地（earth）の一部に手を入れる仕事である．ここでは大地を造形するアース・デザインの魅力を考えていこう.

●アース・デザインとは

　アース・デザイン（earth design）とは「大地のデザイン」という意味である．誰でも使う言葉ではないかもしれないが，ランドスケープデザイナーやアーティストは土を盛ったり削ったりして造形することを**アース・デザイン**と呼ぶことがある．ここではそれを含めて「**大地の一部として造形を考える**」という意味で使う.

　地形は実に多彩な形，表情をもっている．しかもそれは，浸食や地滑りも含めて自然の摂理に沿った形である．人間の暮らしの営みの場を大地の上に確保していくために，水の流れをコントロールし，利用しやすいように造成し，安全を確保するために斜面を押さえたりする．それは土や石や植物などを使った仕事から，コンクリートを中心とした近代的な材料を使った仕事まで，規模や形もさまざまであるが，いずれも，大地の一部を操作する仕事である.

　堤防，護岸，擁壁，法面，堰堤などと呼ばれている構造物を「アース・デザイン」という見方から考えることで，景観的に周囲に馴染むとともに，生態系や耐久性にも資するデザインを発想することができる.

　なお，類似の言葉として，**アンジュレーション**や**グレーディング**がある．これらは「地表の形を操作する行為」を指し，ゴルフ場の造成のように「閉じた領域の造形をどうするか」というニュアンスがある.

●地形の見え方

　「**地形を読む**」といういい方がある．どのような大地の起伏があり，水はどう流れ，植生はどう分布し，地盤や地質の状況はどんな具合で，空間はどのように

185

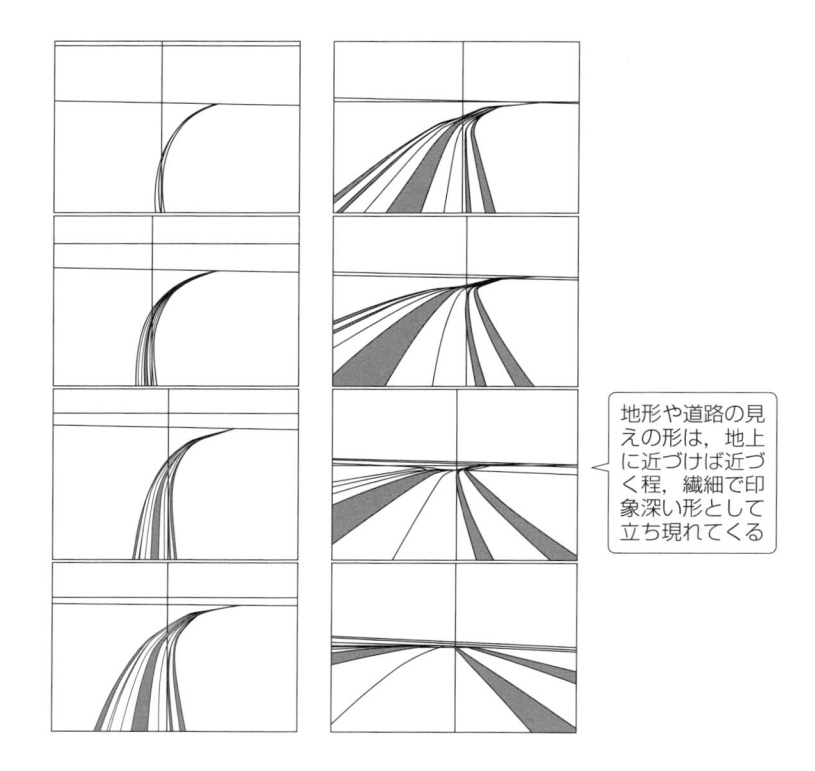

地形や道路の見えの形は，地上に近づけば近づく程，繊細で印象深い形として立ち現れてくる

図9.3　道路のパラシュート図
空からパラシュートで降りてくるように，視点の高さを変えて眺めた図

1/5万

1cm ⊃ 50000cm ⊃ 500m

広がっているか．太古の人々は，地図や科学的なデータが一切ないなかで，じっと眺め，歩き回って観察し，住まいや集落を築く場所を選んだ．すなわち，地形を読むことは，命に関わることであった．

　現代では多様な地図や衛星写真が大地に関する情報を与えてくれる．デジタルな地理情報が普及することで，紙の地形図を見たことがない人も多いのではないだろうか．国土地理院が発行する1/5万，1/2.5万の地形図は，等高線と地図記号によって2次元の上に3次元の地形と地表の様子を描いている．土木の仕事をするためには，等高線から**地形の起伏と見え方をイメージできることが必要である**．

　大地の見え方は，航空写真のように真上から眺めると奥行きがなく，見えの形も浮かび上がらないが，視点を地表近くに下ろしてくることで山の形が変化したり，ちょっとした起伏がランドマークになるような見え方をする．

　地表近くからの視点では地面に対する**視線入射角が浅くなる**ので，見えの形や肌理の変化が大きくなり，**多彩な表情をもった眺めが得られる**．大地の**低視点透視像**こそが私たちが眺めている地形であり，そこで活動する私たちのくらしの眺めなのである．護岸，堤防，法面，堰堤，さらには路面の連続である道路や敷地の造成などは，この大地の低視点透視像の一部として，どのように見えるのかを考えてデザインする必要がある（図9.3）．航空写真の視点，つまり平面図に見える形だけから考えると，できあがったときに，違和感や不連続感を与えてしまう．

● 平面線形と断面形

　アース・デザインの対象となるのは，長く線状のものが多い．したがってその計画や設計は，**平面図**の上のある幅をもった線として検討される．またそれはあるボリュームをもっているので，これは**断面図**で表現される．断面の形は場所によって変化するが，標準的な断面図で大きさや形，構造を示す．

　この平面図と断面図で表現された形が，実際に大地の低視点透視像の一部としてどう見えてくるのか．これを頭のなかで思い浮かべながらデザインしなければならない．しかし，それはかなり難しい．CGをつくる前に，まずやってみてほしいのは，平面図を上から眺めるのではなく，紙にぐっと目を近づけて，片目をつぶって線の行方をみてみることだ（図9.4）．平面図では気づかなかったわずかなカーブや折れ線が強調されて目立ってくる．人工的な印象をなくそうと平面図に入れた曲線が，わざとらしい凹凸に見えることも多い．これが低視点透視像として実際に**人々に見えてくる仕上がりの形**である．

　なお，この紙にぐっと目を近づけて片目でみる，という見方は，模型をつくったときにもぜひやってみよう．実際に模型のなかにいる人の体験する眺めや居心地を，実に簡単に感じ取ることができる．

　さて，平面の線の形＝**平面線形**の眺めが把握できたら，そこに断面図を頭のなかで重ねて，高さやボリュームのある形をイメージする．少し難しければ，断面図を切り抜いて，平面図の上に垂直に何枚か立てて低い位置から眺めてみればよい．断面図の数を増やせば，よりなめらかな低視点透視像が浮かび上がってくる（図9.5）．

図面に目を近づけて低い位置から眺める

図9.4　道路の図面の見方

こうしたきわめてローテクなシミュレーションは，簡単にできるというだけでなく，平面図や断面図を書きながら同時にそこに立ち上がる姿をイメージする力を養うトレーニングとなる．その力があってこそ，CGで描かれた透視像を3次元の地形の流れの延長で読み取ることができる．

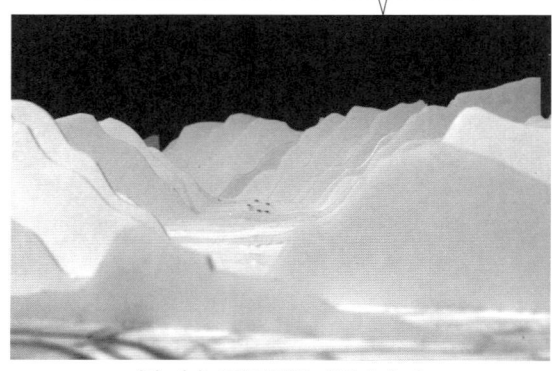

仕上がりの地形の見えの形を把握できる

（a）断面図を切って並べた模型　　　　　（b）（a）を低位置からみたもの

図 9.5　曽木の滝分水路（鹿児島県）のデザインにおける断面模型での検討

●特殊部を先に

　線状に長い構造物は，標準的な断面でまず議論される．東日本大震災の津波被害からの復旧で話題となっている防潮堤の設計の考え方も，多くは断面図によって示されている．

　しかし断面図は標準的な部分を示し，実際にはさまざまな**特殊部**が必要となる．防潮堤でいえば，それを乗り越えて人や車が行き来する部分，河川や小水路の水を常に海に排水しつつ，津波や高潮時には閉じなければならない樋門，水門，陸閘，そして既存の構造物や地形などと接するところなどである．構造や性能確保の面でも設計が難しいこうした特殊部は，アース・デザインとしてみても「連続性が途切れる」，「異質な形が現れる」など扱いが大変難しい．標準断面を先に決めて，あとから特殊部に対応すると，さまざまな問題のしわ寄せが現れてうまくいかない．あらかじめ「特殊部」をどうするかを考えて，それをふまえた標準形を決めていくことが，トータルによい結果につながる．これはアース・デザインだけでなく，連続高架橋など細長い施設に共通するデザインのポイントである．

● 法　面

　道路の法面については，アース・デザインに関する知見がかなり蓄積されている．法面とは，**造成によってできる斜面**のことである．

　山を切ることで現れる**切土法面**，盛り上げた場合の**盛土法面**がある．特に切り土法面では，山の一部が削り取られ，残った元の山と人工的につくられた法面との境界がはっきりと現れる．その不連続感をなくすとともに，植生の侵入を容易にするため，角をなめらかに削って元の地形にすりつける．この技法を**ラウンディング**という．ラウンディングには平面方向と鉛直方向がある．なお，鉛直方向のラウンディングを**グレーディング**と呼ぶ場合もある（図9.6）．

　その他にも，平滑な法面が続く場合は，そこに人工的に谷をつくる**元谷造成**など，新しい地形としての秩序をつくり出すことも考えられる．それによって法面に変化を与え，自然の環境が有している多様性を再生していくことが可能である．

　崩れやすい山の斜面を安定させて植生の回復を促す**治山**，土砂や雪崩を制御する**堰堤**や**植樹帯**など，人が物理的に法面に手を加えることによって自然を回復させることも土木の仕事である．その際，部分的には構造物が露出しても全体として大地の一部として納まることをめざすのがアース・デザインである．

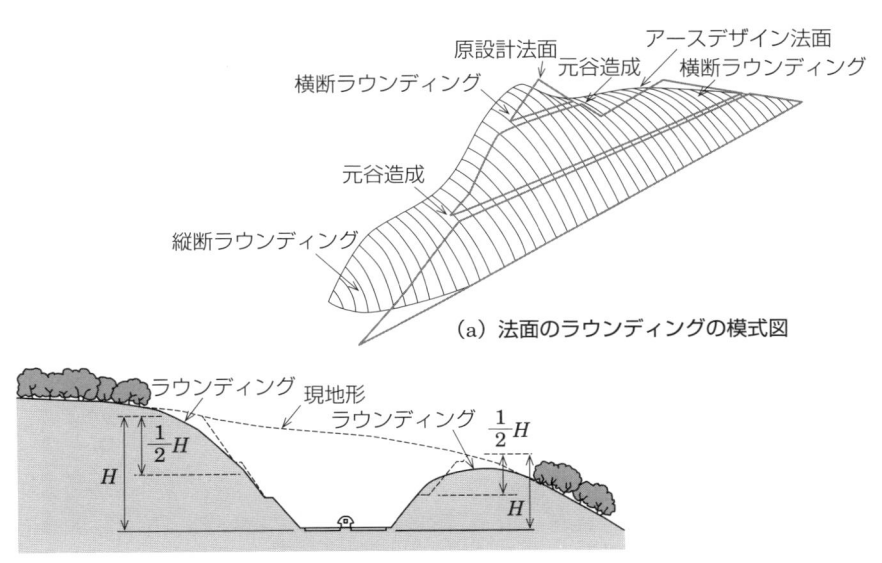

（a）法面のラウンディングの模式図

（b）道路法面のラウンディングの目安

図 9.6　道路法面のアース・デザインの技法

●テクスチュア

　アース・デザインでは対象となるものが明確な形，つまり**図と地**（3.3 節参照）における「図」として認識されるというよりは，「地」の一部となることが景観の観点からは重要である．その際，構造物や法面の印象にとって重要となるのは，緑化と，コンクリートの表面仕上げ，石積みや石張りなどの**テクスチュア**（面の表情・肌理）である（図 9.7）．「テクスチュア」のデザインには，材料と施工方法，維持管理や時間的変化の検討が求められる．その際参考になるのは，その地域の土着的（バナキュラー）な要素，たとえば地場産の石や土，それらを使った在来の構造物の造形や材料の使い方に学ぶことである（図 9.8）．そうすることで，地域性や風土性を継承したデザインに近づくことができる．

（a）古い区間ではレンガの積み方とディテールに味わいがある

（b）類似のデザインの新しい区間ではディテールと素材の魅力に欠ける

図 9.7　隅田川テラス（東京都）の新旧の護岸の比較

（a）石積みの勾配の変化や端部の収まりに注目

（b）素材と加工，施工によって生まれるテクスチュア

図 9.8　地域の人々によって築かれた石積み（徳島県吉野川市高開）

9.**3**節　広場のデザイン

Point!
①広場のデザインは，使う人にとっての空間の居心地が大切
　であるため，身体感覚的アプローチから考える．
②広場では，人の景が重要な景観構成要素となる．

　都市の**パブリック・デザイン**として，多くの人々のさまざまな行為を受け止
め，賑わいや活気を感じられる空間や，駅前のように交通機能も担いながらまち
の顔ともなる場所など広場のデザインについて考えていこう．

●さまざまな広場

　広場と聞いて真っ先に思い浮かぶのは，どこの広場だろうか．バチカンのサン
ピエトロ寺院の前に広がる大きな楕円形の広場のように，モミュメンタルなもの．

（a）サンピエトロ広場（バチカン）

（b）ペイリー・パーク（ニューヨーク）

（c）浜松駅の立体的な広場

（d）寺社の境内も広場といえる

図 9.9　さまざまな広場

　ニューヨークのビルの谷間にあるペイリー・パークは，チョッキのポケットのように小さいという意味のヴェスト・ポケット・パークの代表例である．

　あるいは，浜松の駅前広場は，地上と地下を貫いた立体的な広場である．

　さらに，歩行者天国のように一時的に広場（状）となる空間のほか，神社の境内も日本における広場と呼べるだろう（図9.9）．

　このように，種類や特徴によって広場は多様であるが，以下にあげた事項を大切にしながら，広場のデザインを考えていきたい．

　①広場は人のための空間であり，人々に開かれている

　②広場はものや構造物の姿というよりも，空間の居心地として認識される

　③広場には「このあたり」という空間的なまとまりがある

　④広場の使い方には自由度がある

　こうした基本的な考え方を踏まえたうえで，広場のデザインの着眼点を順にみていこう．

●囲いと中心

　広場は空地（空間）であるが，「このあたり」というように領域としてのまとまりがある．建築物で周囲を囲まれている西洋の広場には，その特徴が明快である．つまり，囲まれた空間が**明確な形**をもっている（4.3節参照）．

　一方日本には，このような明確な領域の縁をもった広場は伝統的に存在しておらず，街路の一部や橋詰，枡形などが広場的な空間としてあった．

　また西洋の広場が地域住民やコミュニティが管理する自治の場であるのに対して，そういう社会的な特質をもった広場は日本にはなかったといわれることもある．

　広場には，明確な形と空間構成を有しているものから，領域の境が曖昧なものまで幅広くあり，その囲いの状態，形，程度をどのようにするかで，広場の基本的なデザインは決まる．「*D/H*」や囲繞感に関する定性的目安（4.1節参照）も参考にしながら，まずはどのような囲われ感を求めるのかを考える．

　また，広場には**中心を与える**こともできる．中心は囲いの外形によって自ずと決まる場合もあるが，意図的に中心を生み出すために何かを配置し，空間に方向性を与えることもできる．

　デザイン演習などでよくみられるのは，広場の平面の真ん中（図の中心）にモニュメントを立てるという提案である．サンピエトロ寺院のように，整形の広場を貫く軸線上に堂々と何かを配置すると，空間はシンメトリーで整然とし，特定

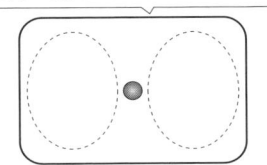
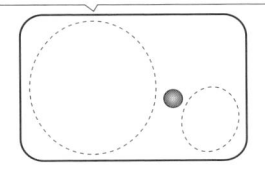

図の中心にものが位置すると
ものが主役となり、残された
空間の特徴や役割が曖昧となる

中心を外してものを配置すると
特徴の異なる場（静と動・活動
と滞留など）が生まれやすい

図 9.10　広場の平面構成と空間のまとまり

の軸やその先にあるものに人々の意識は向く．そのため象徴性や権威の印象が強くなる．しかし人の居場所となる空間の印象は薄れ，人の行動も軸線やモニュメントに規定されて，自由度が下がる．つまり人が主役というよりは，モニュメントや軸の先にあるものが主役となる．

これに対して，広場をバランスよく分節するように要素を配置すると，複数の空間のまとまりが生まれ，モニュメントではなく人の活動が主役となりやすい（図 9.10）．さらにそのまとまりに段階性や重層性を与えると広場は生き生きとしてくる．

広場の中を通る人の軌跡（**動線**）も空間構成を考える際には重要である．佇むところと通行する動線とはある程度分かれていないと落ち着けない．

広場のデザインは，そこに配置されるものの造形を考えるというよりも，まず空間のデザインとして，「**居心地や活動をどう生み出していくか**」，「**どのように空間を構成するか**」を丁寧に考える．その上で，どこに何を配置していけばよいかを考えていこう．第 4 章で示したことが参考になるはずである．

●人の景

都市の広場は，人々のさまざまな活動の場となる．移動の途中にちょっと一休みする．屋外の心地よさを味わいながら本を読む．小さな子どもを遊ばせる，談笑する．災害時に避難する．祭りやイベントを開催する．

このような活動をする人々の姿自体が，**広場の景観構成要素**となる．人を視対象とした眺めを，「**人の景**」と呼び，広場に限らず水辺や緑地などでも重要となる．人の景については，4.1 節と 4.3 節をまず振り返っておこう．

「人の景」が魅力的になるには，まず視対象となる人自体が気持ちよく過ごしていることが必要である．他に座るところがないから仕方なく座っているような

人をみても，楽しいどころか逆に悲しくなる．また**視対象となる人がいる領域**と，**眺めている自分がいる領域**が適度に分節されていることも重要である．同じ領域にいて知らない人をじろじろ眺めるのは気まずい．直接視線が交わることを避け，たとえ視線が交錯しても，私はあなたを見ているのではなく「あの噴水を眺めているのです」といえるような**視線の緩衝体**となる要素が間にあると，両者の関係は和やかになる．

　また，配置される要素についても，**人が主役（図）**となり，広場自体は背景（地）となるという発想をしたい．「広場の舗装の色彩やパタンはどうしようか」と考えるのではなく，「人の景が映える色やパタンは何だろうか」と考えれば，自ずと方向性は絞られてくる（図9.11）．

　人の景をみて仮想行動が誘発されること，さらには人がそのときはいなくても，その環境が広場における行動に対する**アフォーダンス**を担っていることも大切である．4.2節で示したことは，広場など空間のデザインに活かしてこそ意味がある．学んだ知識を確認しながら，実際の広場で人々の様子を丁寧に観察してみよう．

(a) 人や樹木が映えるとともに石・レンガ・芝・水などの素材の魅力が生きたデザイン（日向駅前広場）

(b) 橋の舗装や高欄が主役になってしまっている例

図9.11　人の景と広場の素材

●素材と仕上げ

　広場のデザインのポイントは，「もの」よりも「空間」から発想することであった．そこでは，「図となる形」の操作だけでなく「地となる面」の表現の操作が重要となる．たとえば，敷地の一部をアスファルトからレンガ敷きに換えるだけで，そこには場が生まれる．

　このように，テクスチュアの違いで空間を分節することができる．身体感覚と

しても，路面の素材や仕上げは機能上とても大切となる．歩きやすく，エイジング効果が期待されるものを選んでいきたい．

　また**素材は，音や空気にもかかわる**．その場に立つ音，太陽の照り返し，水の呼吸，空気の感触も含めてデザインの対象となる．雨や光など天候，季節による見え方の変化も大切である．

　形は線で描くことができるが，実際にはなんらかの材料によってその形はつくられる．空間には音や空気，匂いが漂う．日頃から五感で広場を体験し，そこに使われている素材に注意しておこう．

●ハレとケ

　5.3 節で「**ハレとケ**」という語について触れた．都市のオープンスペースは，「ハレとケ」の使い分けによって，印象ががらりと変わる．それは都市の賑わいやイメージに与える影響が大きい．都市は祝祭の空間でもある．

　ただし，「ハレ」の使い方は印象的であるが，頻度は低い．「ハレ」に合わせてデザインすることで，日常である「ケ」の状態が貧しくなってしまうようでは問題である．「ハレ」に要求される機能や人の数と流れは，「ケ」が求めるそれとまったく異なるからである．

　しつらえという仮設的な要素の使い方の工夫などによって，両者の両立とコントラストを考えたい．また，その一環として，災害時の避難場所としての使い方や状況も想定しておこう．

9.4節 水辺のデザイン

Point!

①水辺はより広域な範囲での水循環の一部として捉える.
②水そのものの魅力を活かすこと, 人の活動と生きものの棲息の場の提供が, 水辺ならではのデザインにつながる.

西欧の都市デザインが広場と街路と建築によって構成されているのに対して, 日本およびアジアモンスーン地域の都市は, 伝統的に水が骨格構造を決めている. 水辺のデザインは, 環境, 文化, 防災といった複数の観点から地域の要として大切に考えたい.

水辺は水循環の一部

海, 川, 水路, 湖, 池. さまざまな水の空間は, 人の暮らしと深く関わってきた. 自然の状態のままでは使いづらい水の空間を, 長い時間をかけた試行錯誤によって利活用してきた結果が, 今日の水辺に集約されている.

東日本大震災や激甚化する水害は, 人が水を完全に制御することが不可能であることを改めて認識させた. 大地の上に暮らす人間の暮らし方を考えることが, 土木の仕事の根本にある. 激化する津波や洪水への対応から, 見捨てられた都市の小水路の再生まで, 水辺の計画と設計は多岐にわたる.

新潟大学名誉教授の大熊孝 (1942-) によれば, 川は「地球における物質循環の重要な担い手であるとともに, 人にとって身近な自然で, 恵みと災害という矛盾のなかにゆっくりと時間をかけて, 地域文化を育んできた存在である」と定義されている.

川やそれが注ぐ海には, 常に動いている水がある. **水辺空間**は, **水循環 (動的なシステム)** の一部である. 水辺を扱うときには, まずこのような認識からスタートしたい.

水辺の魅力

水辺と聞いて, 思い浮かべるのはどんな眺めだろうか. 水際に立っている (もしくは上から見下ろしている). 水の流れの方を向いている (もしくは直行する方を向いている). 誰かが何かをしている. 生きものがいる. 音や風や光や匂い

都心の水面は建物への引きを確保する

（a）前景としての水面の魅力（東京大手町）

川は両岸を分けるとともにつなぐ

（b）川を挟んで南北に町が広がる（郡上八幡）

コントロールされた流量が水辺の安心を支えている

（c）湧水の流れるまちなかの川（三島市源平川）

魚や鳥の姿は人工の川への関心を高める

（d）近自然工法で改修された市街地の川（恵那市明智川）

図 9.12　水辺の魅力のさまざま

はどうだろう．

　まず自分にとって大切な水辺をみつけ，増やしていくことから水辺のデザインははじまる．水辺にはさまざまな魅力があるが，以下は多くの水辺に共通する点といえる（図9.12）．

①水の表情自体が景観構成要素となる

　水面は街並，樹木などの視対象に対して「**引き**」をとり，前景となって視対象を魅力的にみせる．水面に反射する人や街並，風でゆらゆら動く波紋など，前景となる水の表情そのものが，舗装した面などにはない魅力をもっている．

②水辺は領域の縁（エッジ）となる

　水辺は異なる要素が出会う接点（縁）となり，生態的にも文化的にも，他の

領域にはない機能や意味が生まれてくる．そのため記憶にも残りやすい．

③水辺は変動する

流れている水としての変化，水量や流速の変化，光や色の変化など，常に異なる表情をみせる．ときには洪水などの自然の猛威となるが，それを含めて自然を理解するという意味でこの変化は重要な役割を果たす．

④水辺は生命の棲息の場となる

こうした特質に加え，「人の活動や生き物の棲息の場となる」という魅力もある．水辺は命を育む場として生態系にとって重要であるとともに，そうした生き物の棲息と接する機会を人々に提供するという意味でも貴重な空間である．

●パブリック・アクセス

近代化が進む中で，世界的に**人は水辺から離れていく傾向**にあった．移動と物流が車中心となったことが主な理由である．水上交通は，気象や天候の影響を受けやすい．また，上下水は身近な井戸や水路によっていたが，衛生と便利の点で優れている地中を通る管路ネットワークで隅々まで届くようになると，露出した水施設は急速に姿を消した．

しかし，それはそう遠い昔のことではない．日本の水道普及率が90％を超えたのは，1980年のことである．

こうした水とのつきあい方が近代化によって劇的に変わった結果，川や海辺は

> 造船所や埠頭があった地区を1980年代に再開発．
> 水際へのアクセスや歴史的石積みドックの保全などが行われた．

(a) 複合的な土地利用がされているシアトル（アメリカ）　(b) 日本丸メモリアルパーク（横浜みなとみらい21地区）

図 9.13　港の再生で生まれたウォーターフロントの賑わい

人々の日常から離れていった．一方，港湾やダムなど産業を支える水辺の施設は，規模が拡大し，利用や管理に危険性が伴うようになり，一般の人々がかかわる機会がなくなっていった．河川においても，水門や堰が大規模になると立ち入りが禁止されたり，護岸や堤防も**大規模になると人は近づきづらい．**

　一方で，伝統的な水辺とは異なるこうした近代の水辺は，大きな船が行き交う港，ガントリークレーンやエネルギー施設など，やはり独特の魅力をもっている．1980 年代頃から，臨海地区における第 2 次産業の撤退や物流の大型化によって，湾奥の初期に開発された埠頭などが使われなくなるといった臨海部の構造転換が起きた．

　それに伴って，歴史的な桟橋や埠頭などに**パブリック・アクセス**（一般の人々が近づけるようにすること）を確保し，新たに商業施設を導入する臨海部の再開発が行われ，人々に歓迎された．

　こうして水辺がもつ人々を惹きつける力が再認識され，世界各地で**ウォーターフロント開発**が行われた．殺風景であった場所が明快な動線や居心地のよさ，良好な視点場からの眺望，倉庫や桟橋など既存施設の利用，水際のディテールなどに配慮して，市民が気軽に入れる水辺として再生した事例が各地に生まれた（図9.13）．

●生きものの棲息

　野良猫のいる路地，小鳥がいる木立，水鳥の泳ぐ川や池など，生き物のいる場所は，多くの人に楽しい気持ちを呼び起こす．水辺の魅力は，水がきれいなことに加えて，そこに生きものが棲息していることによってぐっと高まる．

（a）地中管路になっていた小川を再生　（b）維持管理は地域の住民によって行われている

図 9.14　近自然工法で再生された小川が流れる児ノ口公園（豊田市）

　　近自然工法と呼ばれる計画設計および施工の技術は，1980 年代にスイスやドイツに学びながら，日本各地で展開し，根づいてきた．当時の建設省は，**多自然型川づくり**と呼び，河川整備においても治水上安全というだけでなく，生きものの棲息環境の確保という視点を加えるようになった．

　　日本においては，福留脩文（1943-2013）が「近自然工法」によって日本各地の河川改修や登山道整備などを手がけ，川本来の姿に基づいたデザインを展開してきた．

　　生きものが棲息できる川や水辺づくりは，地域住民の川に対する関心を高め，**川からはじまるまちづくり**に展開することが期待できる（図 9.14）．水道水をポンプで循環させる人工環境の水にはない，大地に沿った水循環の一部を担う水の空間の豊かさは，そこでの生きものの棲息状況が教えてくれる．

　　近自然工法によるデザインは，治水機能や人の利用と矛盾するものではない．近自然工法は，必ずしも草が生い茂った状況ばかりを指すのではない．場所が求める姿に適した生きもののいる水辺のデザインを考えたい．

9.**5**節 歴史的建造物のデザイン

Point!

①歴史的建造物の価値や保全については，文化財保護の観点からの蓄積がある．

②歴史的価値の継承には，形だけでなく，建設技術や利用に関する知恵の継承が必要である．

歴史的建造物が地域資源として貴重であるという認識は広く浸透し，各地で歴史的建造物を活かしたまちづくりが進んでいる．学術的に貴重なものだけでなく，比較的近い時代の記憶を伝える身近な構造物へと対象も広がっている．

文化財的な保存だけでなくインフラとしての機能を保ちながら歴史性に配慮するデザインの考え方や方法は多様である．

● 歴史的建造物とは

歴史的建造物と聞いて，何を思い浮かべるだろうか．城，石垣，東京駅，日本橋，錦帯橋，眼鏡橋，あるいは，世界に目を向けて，エッフェル塔，万里の長城，ピラミッドなどだろうか．

歴史的というとひとまず古いものと考えるだろう．文化財保護法が定める文化財の種類には，**指定文化財**（国宝，重要文化財）と**登録文化財**がある．登録文化財は，1996 年の文化財保護法改正によってできた新しいカテゴリーで，指定文化財が対象を厳選してしっかりとした保存措置を採るのに対して，歴史的価値を有するもののリストに登録することで，緩やかな規制のもとで保護の対象を広げていくことを意図している．

その際の登録基準には，原則として**建造後 50 年を経過している**とされている．

この登録文化財制度によって，土木構造物や鉱山の装置などの実用的な施設も広く文化財の対象して考えられるようになり，**歴史的遺産**（特に近代の産業や経済を支えた**近代化遺産，産業遺産**）を「地域の歴史を伝える重要な資源として大切にしよう」というまちづくり活動が各地で起きた．

国宝と重要文化財に指定された建造物は 2014 年時点で約 2600 件であるのに対して，登録文化財となった建造物は約 1 万件であり，身近な文化財として定着してきた（図 9.15）．

もちろん歴史的建造物は，文化財だけを指すものではない．9.2 節で述べた，

(a) 重要文化財に指定された隅田川の永代橋（1926 年竣工）

(b) 登録文化財となった街角の商業ビル（浅草神谷バー）

図 9.15　さまざまな文化財

バナキュラーな石積みなどにも時間のなかで蓄積された価値がある．歴史の解釈は幅広く，柔軟にとらえたい．

● 保存・保全・活用・復原・修景

　歴史的建造物は，基本的にその状態を保つことが期待される．そのための扱いにはいくつかの概念がある．人や国によって言葉の使い方は異なるが，およそ次のように捉えられる．

　保存とは，維持管理をしながらいま（現在）の状態を保つこと．**保全**とは，適宜修理や改築をしてそのものの機能を保ちつつ，現代に適合するように**再生・強化・改善する**ことで，場合によっては**失われた元の形を復元する**ことも含む．つまり「保全」は「保存」よりも広い概念である．

　また**活用**とは，保存・保全の概念のもとで，**利用を促進すること**．**保護**とは，保存および保全へ向かう**活動全般**と捉えられる．

　なお，「元の状態に戻す」ことについては，**復元と復原を使い分ける**．**復原**とは科学的な資料に基づいて建設当初もしくある時点の状態に，材料の使い方なども含めて**厳密に再現する**ことをいう．根拠が乏しく**推定に基づく再現は，復元**という．

　修景とは，8.2 節で述べた修景の概念の特定的な使い方として，たとえば伝統的建造物群（歴史的町並み）において，「歴史的建物の間にある現代的建物の外観を変えて景観的に周囲に馴染ませるようにする」など，**全体として歴史的な景観となるように整える**ことをいう．

　何もしないで放置しておけば，歴史的建造物は劣化していく．また現在の状態は，過去の改修などによって必ずしも歴史的価値を適切に伝えていない場合もあ

（a）創建時（1914 年）の姿

（b）戦災を受けた後に修復された姿が永らく続いていた

できる限り創建時に近い復原が図られた．一方，戦後の修復された状態にも歴史があるとして，復原に異を唱える声もあった

（c）創建当時の姿に復原された（2014 年）

図 9.16　東京駅の変遷

る．適切に手を入れながら，物理的に残すだけでなく，社会的に存続させるための利用も考えていくことが必要である．そのためには，科学的な根拠に基づいた構造物の状態を把握し，継承すべき価値を見極め，その上でどのように手を加えていくかを慎重に考えなければならない（図 9.16）．

●歴史的価値の継承

歴史的価値とは何か．これはなかなか難しい問題である．

「自分史上最高の○○」などという表現に出会うことがあるが，これは一人ひとりの生きてきた道は歴史であるという捉え方に基づくものだ．建物でいえば自分が生まれ育った家には，その人にとってはかけがえのない歴史的価値がある．新築よりもリノベーションに魅力を感じる人は，真新しいものにはない**時間の蓄積や物語**を大切にしているであろう．まちにしても，埋立地にまったく新しくつくられたものは，どんなにがんばっても時間の蓄積の上にあるまちがもつ奥行きや味わいには欠ける．

歴史とは，時間のなかで蓄積された集合知である．「景観」という見方が，対象を単独ではなく**周囲との関係性で捉える**ように，「歴史」という見方は，対象を現在だけでなく**過去と未来との関係性で捉える**ことである．

　一方，実際にこの構造物を「保全するかどうか，保全するならどのようにするか」を決めるためには，歴史的構造物の**評価をしなければならない**．世界遺産，重要文化財，登録文化財といったお墨付きは，一つの評価結果である．この他にも，土木学会が認定している**選奨土木遺産**がある．また土木学会が編集した『日本の近代土木遺産－現存する重要な土木構造物 2800 選』には，全国各地の土木遺産が A，B，C とランク付けされてリストになっている．

　これらの既存の評価はさまざまな議論を経てなされている．このうち登録文化財の基準は，原則として「建設後 50 年」を経過したもので，

　①**国土の歴史的景観に寄与している**

　②**造形の規範となっている**

　③**再現することが容易でない**

のいずれかに該当するものとされている．

　また，歴史的価値では，**オーセンティシティ**（authenticity）という概念についての議論がなされる．日本語では「真性性」と訳される．簡単にいえば，本物であること（偽物やレプリカでないこと）である．

　ヨーロッパの歴史的建造物はほとんどが石やレンガでできているため，材料そのものが何百年も残り，物理的なものの存続がオーセンティシティの条件であった．一方，日本では，たとえば伊勢神宮は 20 年ごとに隣接する敷地にまったく同じものを建て替える（式年遷宮）ことで千年以上も継承されてきた．

　現在では，こうした文化による**歴史の継承の仕方の違い**を含めた広い概念として，オーセンティシティは考えられている．

●リ・デザイン

　歴史的建造物は大切だが，文化的価値を損なわないようにと，おそるおそる手を加えるだけなく，ときには大胆な発想で建造物の存続のためのデザインを考えることも必要である．歴史的建造物は，やはり時間の経過とともに部材の劣化が進み，機能が低下する．また設計基準の改定に対応しなくなり，耐震性の不安が明らかになることもある．そのため，インフラとして使い続けるためには，**補強や改築**が必要となる．

　その際，できるだけ目立たないような補強，改築の可能性をまず探る．しかし，それが難しい場合は，**既存の構造体を活かしつつ，新たなインフラとして再びデザイン（リ・デザイン）する**という考え方がある（図 9.17）．

　構造物本体はそのまま残し，機能や使い方を新しく**リノベーション**するという

（a）江ヶ崎跨線橋として使われていたトラス　　（b）再生された霞橋（土木学会田中賞受賞）

図 9.17　リ・デザインの事例　霞橋（横浜市）

考え方がある．これに対して，構造物自体もリ・デザインするには，既存の部材を再度使いながら再構成する．そのためには試験によって耐力を確かめたり，施工の方法にも特段の工夫や配慮が必要となるなど，新規にデザインするのと同等以上の創造性と技術が必要である．

　リ・デザインのために使われる技術は，現在大きな課題となっている**構造物の長寿命化**にも広く応用できると考えらえる．一般的な構造物の維持管理・補修補強と，歴史的なものの保存とを"別のもの"として考えるのではなく，連続的に捉えることが必要である．

●技能の伝承

　歴史的構造物の保存やリ・デザインにおいて大きな課題となるのが，**技能の伝承**である．施工における高度な機械化や自動化が進む以前の，人の手の技に依存した建設・施工技術を用いることがきわめて困難になっている．たとえば，自然石を積むことが，現代日本では非常に難しい．なぜだろうか．

　それは，個人の技に頼らないで，誰でもが同じような仕事ができる方法を追求してきたためである．同じ形のブロックを積むのは誰でもできるが，一つひとつ形の違う石を適切に積むには技能が必要である．その技能は客観的また事前に評価しづらいため，公共事業ではさける傾向にあった．

　歴史的建物の保存に永らく取り組んできた建築分野では，寺社や城郭などの特殊な建築の解体修理などのために，建設当時と同様な技術をもつ人を一定程度確保し，技能者の認定も行っている．

　一方，土木の分野では，こうした取組みの実績がなく，「石がちゃんと積める」，

（a）同じ素材を使っているが，右側のほうが美しく積まれている

（b）練り積みでも自然石見地石をこのように積める技術が失われつつある

図 9.18　石積みの技術の重要性

「リベット（昭和 40 年代まで使われていた鋼材の接合方法）が打てる」技能者はほとんどいなくなってしまった．そのため，当時の材料と技術を使った改修やリ・デザインが非常に困難になっている（図 9.18）．

　特殊な技能に限らず，建設という非常に複合的な判断が必要とされる分野の**技術と技能の伝承**が，いま大きな課題になっている．歴史的建造物のデザインを実現するには，優れた技能者が活躍できる場の再生が必要である．

● 活　用

　インフラである土木構造物は，人々が必要とする機能をその場所で果たし続けることができれば，壊されることはない．つまり**使い続けることが保存の一番の道**である．その上で，歴史的な価値を活かす工夫を展開することで，地域の個性や人々の愛着が高まり，インフラの価値を高めていくことができる．たとえば，**横浜の汽車道**は，貨物輸送用の鉄道敷を遊歩道として使い続けるように整備をしたものだ．産業用の鉄道は時代の変化によってその機能を失って廃線になったが，港の水辺へパブリック・アクセスという新たな機能を見いだすことで，橋梁と線路敷の空間が再生された．

　その際の遊歩道のデザインは細部に気を使った質の高いものであるともに，アーバンデザインとして，駅前から汽車道へのアプローチをゲートのように建築デザインに反映させるなど，周辺一体の調整が図られている（図 9.19）．

　個々の構造物の保存の仕方，新しくつくられた空間としての居心地，周辺の要素との関係のデザイン，といった三つの観点から歴史的資源の価値を高めるようにデザインされた好例である．

（a）廃線となっていた鉄道敷（1980 年代の様子）

（b）周辺のウォーターフロント開発にあわせて遊歩道に再生

> 遠方の建物は遊歩道の部分をくり抜いている

（c）レールのイメージを残した舗装

図 9.19　横浜の汽車道のデザイン

●部分保存

　原形を保った保存やリ・デザインがどうしても困難な場合に，歴史の記憶をとどめるために，**構造物の一部を保存する**という方法がある．

　橋の桁の一部，親柱，石積みの一部などを現地（あるいは周辺）に残し，「かつてここにこういうものがありました」という証として，歴史の継承を試みるも

のだ．たとえ一部分であっても現物が残ることで，素材感や時間の蓄積に直接触れられる意義は大きい．

　継承するのは「もの」が有する文化的な価値だけなく，**出来事や記憶の継承**という面からも考えたい．たとえば，「原爆ドーム」は世界遺産にも登録された**戦争遺稿**である．日本各地には銃撃の跡が残ったレンガ壁や防空壕など，戦争の記憶を伝えるものがある．また，阪神淡路大震災で倒壊した港の護岸など，**災害を伝える遺稿**もある．東日本大震災後，倒壊した建物などを残すべきかどうかという議論がなされている．伝えるのはつらい記憶であるだけに，残し方には慎重にならなければならないが，文字や映像では伝わらない，場所とものを通した記憶の継承は必要である．

　どのような歴史でも，歴史の解釈は立場によって時に対立するほど多元的である．景観を考える三つのアプローチのなかの「意味」を扱う難しさが，歴史的建造物のデザインにはある．歴史の意味を深く考えるとともに，歴史的な構造物や場所が，**視覚的にも，身体感覚的にも，質の高いものになるデザイン**を考える必要がある．

●参考文献

- 加藤誠平 著，橋梁美学，山海堂（1936）
- 道路環境研究所 編，道路のデザイン―道路のデザイン指針（案）とその解説，大成出版社（2005）
- 小野寺康 著，広場のデザイン，彰国社（2014）
- リバーフロント整備センター 編，河川景観デザイン，リバーフロント整備センター（2008）
- 土木学会 編，水辺の景観設計，技報堂出版（1988）
- 福留脩文 著，近自然の歩み―共生型社会の思想と技術，信山社サイテック（2004）
- 土木学会 編，港の景観設計，技報堂出版（1991）
- 西村幸夫 著，都市保全計画―歴史・文化・自然を活かしたまちづくり，東京大学出版社（2004）
- 土木学会歴史的構造物保全技術連合小委員会 編，歴史的土木構造物の保全，鹿島出版会（2010）

■さらに学びたい人のために

- 松江正彦ほか 著，景観デザイン規範事例集（道路・橋梁・街路・公園編），国土技術政策総合研究所（2008）
- 松江正彦ほか 著，景観デザイン規範事例集（河川・海岸・港湾編），国土技術政策総合研究所（2008）
- 大野美代子，エムアンドエムデザイン事務所 著，BRIDGE―風景をつくる橋，鹿島出版会（2009）
- 小澤雄樹 著，20世紀を築いた構造家たち，オーム社（2014）
- 構造デザインマップ 編集委員会 著，構造デザインマップ東京，総合資格学院（2014）
- ドイツ鉄道 編，増淵基 訳，鉄道橋のデザインガイド，鹿島出版会（2013）
- 土木学会 編，ベデ―まちをつむぐ歩道橋デザイン，鹿島出版会（2006）
- ビート・シルバー，ウィル・マクリーン 著，世界で一番美しい構造デザインの教科書，エクスナレッジ（2013）
- 杉山和雄 著，橋の造形学，朝倉書店（2001）
- 斉藤公男 著，空間構造物語―ストラクチュアル・デザインのすすめ，鹿島出版会（2003）
- 石井信行 著，構造物の視覚的力学―橋はなぜ動くように見えるか，鹿島出版会（2003）
- 土木学会 編，美しい橋のデザインマニュアル，土木学会（1982）
- 篠原修ほか 編，新・日向駅，彰国社（2009）
- 皆川典久 著，東京「スリバチ」地形散歩，洋泉社（2012）
- 宮城俊作 著，ランドスケープデザインの視座，学芸出版社（2001）
- LANDSCAPE EXPLORER 編，マゾヒスティック・ランドスケープ―獲得される場所を目指して，学芸出版社（2006）
- アレン・オブ・ハートウッド卿夫人 著，大村虔一ほか 訳，都市の遊び場，鹿島出版会（2009）
- カミロ・ジッテ 著，大石敏雄 訳，広場の造形，鹿島出版会（1983）
- ヤン・ゲール 著，人間の街―公共空間のデザイン，鹿島出版会（2014）
- 日本建築学会 編，コンパクト建築設計資料集成「都市再生」，丸善出版（2014）
- 篠原修 編，ダム空間をトータルにデザインする，山海堂（2007）

・篠原修ほか 著，都市の水辺をデザインする，彰国社（2005）
・関正和 著，大地の川，草思社（1994）
・関正和 著，天空の川，草思社（1994）
・山脇正俊 著，近自然工学，信山社サイテック（2000）
・逢澤正行 著，景観水理学秩序―落水表情の造形，鹿島出版会（2002）
・伊藤清忠 著，写真で巡る世界の街並・世界遺産，技報堂出版（2013）
・伊東孝 著，東京再発見―土木遺産は語る，岩波新書（1993）
・ジョシュア・デイヴィッド，ロバート・ハモンド 著，和田美樹 訳，HIGHLINE―アート，市民，ボランティアが立ち上がるニューヨーク流都市再生の物語，アメリカン・ブック＆シネマ（2013）
・土木学会 編，日本の近代土木遺産―現存する重要な土木構造物2800選，丸善（2005）
・伊東孝 著，日本の近代化遺産，岩波新書（2000）
・伊東孝 著，東京の橋―水辺の都市景観，鹿島出版会（1986）
・四谷見附橋研究会 編，四谷見附橋物語，技報堂出版（1988）
・篠原修 編，三沢博昭 著，土木造形家百年の仕事―近代遺産を訪ねて，新潮社（1999）
・小野田滋 著，鉄道と煉瓦―その歴史とデザイン，鹿島出版会（2004）
・日本産業遺産研究会・文化省歴史的構造物研究会 編，建物の見方・しらべ方―近代産業遺産，ぎょうせい（1998）

● 写真・図提供・出典一覧

【写真・図提供】

- 早稲田大学図書館所蔵：図 1.6（a），（b）
- 八戸クリニック街かどミュージアム所蔵：図 1.7
- 髙楊裕幸：図 2.6（a），（b）
- 畑山義人：図 3.16（a），図 3.20（a），（b），図 8.13
- 国土交通省中部地方整備局飯田国道事務所：図 3.19
- 池原樹里：図 4.10
- 静岡県立美術館所蔵：図 4.18
- 藤澤奈緒：図 4.24（a）～（d），図 5.1
- 大津市歴史博物館所蔵：図 5.8（a）～（h）
- 兵庫県立歴史博物館所蔵：図 5.9（a）
- 岡田智秀：図 5.9（b），図 9.13（a）
- 山口敬太：図 5.12（b）
- 加藤勝美：図 6.6（a）～（c）
- 髙野裕作：図 7.6
- 八馬智：図 8.5（a），（b），図 8.11（a），図 8.15
- 星野裕司：図 9.5（a），（b）
- 大波修二：図 9.17（b）

【出 典】

- 図 1.1，図 1.2，図 9.3：ハンス・ローレンツ 著，中村英夫，中村良夫 共訳，道路の線形と環境設計，鹿島出版会（1978）
- 図 1.3：中村良夫 著，土木空間の造形，技報堂出版（1967），p.30
- 図 1.4（a），図 3.3，図 3.4，図 3.5：中村良夫 著，風景学入門（中公新書），中央公論新社（1982），p.47，p.46，pp.50-51
- 図 1.4（b）：樋口忠彦 著，日本の景観—ふるさとの原型，春秋社（1981）
- 図 1.4（c）：篠原修 著，土木デザイン論，東京大学出版会（2003）
- 図 1.5（a）：土木学会 編，街路の景観設計，技報堂出版（1985）
- 図 1.5（b）：土木学会 編，水辺の景観設計，技報堂出版（1988）
- 図 1.5（c）：土木学会 編，港の景観設計，技報堂出版（1991）
- 図 1.8：鈴木忠義 編，人間に学ぶみちづくり，道路緑化保全協会（2005）
- 図 1.9：芦原義信 著，街並みの美学，岩波書店（1979）
- 図 1.10：都市デザイン研究体 著，日本の都市空間，彰国社（1968）
- 図 2.1：土木学会 編，篠原修 著，新体系土木工学 59 土木計画，技報堂出版（1982）
- 図 2.5（b）：土木学会図書館戦前土木絵葉書ライブラリ
- 図 3.2（a），図 3.7：Gibson, J. J., The Perception of the Visual World, Riverside Express（1950）
- 図 3.2（b）：芦原義信 著，外部空間の設計，彰国社（1975）
- 図 3.2（c）：鈴木忠義ほか 訳，国土と都市の造形，鹿島出版会（1966）
- 図 3.8：篠原修 著，景観のデザインに関する基礎的研究（東京大学学位論文）（1980）

- 図 3.9：樋口忠彦 著，景観の構造，技報堂出版（1975），p.43
- 図 3.12：北村徳太郎 抄訳，都市計画上視力の標準，都市公論，10 巻 4.7.9
- 図 4.1：高橋研究室 編，かたちのデータファイル，彰国社（1984）（小原二郎）
- 図 4.2：日本建築学会 編，建築・都市計画のための空間学，井上書院（1990），p.11 を改変
- 図 4.12，図 5.7，図 5.10（b）右：市古夏生・鈴木健一 校訂，新訂 江戸名所図会（ちくま学芸文庫），筑摩書房（2009）
- 表 5.2：小林享 著，雨の景観への招待―名雨のすすめ―，彰国社（1996），pp.108-109 を抜粋
- 図 5.2，図 5.3：ケヴィン・リンチ 著，丹下健三・富田玲子 訳，都市のイメージ，岩波書店（1968），p.22
- 図 5.10（a），（b）左：堀晃明 著，江戸切り絵図で歩く 広重の大江戸名所百景散歩，人文社（1997），p.9，p.61，p.31
- 図 5.13：日本建築学会 編，生活景―身近な景観価値の発見とまちづくり―，学芸出版社（2009），p.12
- 図 6.3（a）〜（d）：フランシス D.K. チン 著，太田邦夫 訳，建築製図の基本と描きかた，彰国社（1993），p.43
- 表 6.1，図 8.8：土木工学大系編集委員会 編，中村良夫ほか 著，土木工学大系 13 景観論，彰国社（1977），pp.290-321，pp.199-200
- 表 7.1：篠原修 編，景観用語事典（増補改訂版），彰国社（2007），p.101 を抜粋
- 図 7.3：真鶴町まちづくり条例「美の基準」，真鶴町（1992）
- 図 7.4：西村幸夫・町並み研究会 編，都市の風景計画―欧米の景観コントロール 手法と実際，学芸出版社（2000），p.21
- 図 7.5，図 7.7：国土交通省ホームページ
- 図 8.3（a）：建設省中部地方整備局シビックデザイン検討委員会 編，公共空間のデザイン―シビックデザインの試み―，大成出版社（1994）
- 図 8.3（b）：建設省中部地方整備局シビックデザイン検討委員会 編，シビックデザイン―自然・都市・人々の暮らし―，大成出版社（1996）
- 図 8.6：小野寺康 著，広場のデザイン，彰国社（2014）
- 図 8.9：杉山和雄 著，橋の造形学，朝倉書店（2001），p.41
- 図 9.1：Challenges in Education - Conceptual and Structural Design, Schlaich, Mike, IABSE Symposium Report, IABSE Symposium, Budapest, Responding to Tomorrow's Challenges in Structural Engineering, pp. 20-26(7)（2006）
- 図 9.4，図 9.6（a），（b）：道路環境研究所 編，道路のデザイン―道路のデザイン指針（案）とその解説，大成出版社（2004），p.15，p.90，p.91
- 図 9.16（a）：都市研究会 編，街―明治大正昭和絵はがきにみる日本近代都市の歩み 1920-1941，都市研究会（1980），p.27

●索　　　　　引

監修者略歴

内山　久雄（うちやま　ひさお）

1947年　東京都に生まれる
1969年　東京工業大学　工学部土木工学科　卒業
1969年　株式会社八千代エンジニアリング　勤務
1970年　東京工業大学　助手
1976年　東京大学　助手
1978年　工学博士　東京大学
1979年　東京理科大学　理工学部土木工学科　講師
1980年　東京理科大学　理工学部土木工学科　助教授
1984～1985年　フィリピン大学　客員教授（併任）
1996年～現在　東京理科大学　理工学部土木工学科　教授
2008～2009年　東京大学　客員教授（併任）

著者略歴

佐々木　葉（ささき　よう）

1961年　神奈川県に生まれる
1984年　早稲田大学　理工学部建築学科　卒業
1986年　東京工業大学　総合理工学研究科　社会開発工学専攻　修了
1986～1989年　（財）電力中央研究所　勤務
1989～1992年　東京大学　工学部　助手
1992～1995年　名古屋大学　工学部　助手
1995～2003年　日本福祉大学　情報社会科学部　助教授
2003年～現在　早稲田大学　創造理工学部社会環境工学科　教授

- 本書の内容に関する質問は，オーム社書籍編集局「（書名を明記）」係宛に，書状または FAX（03-3293-2824），E-mail（shoseki@ohmsha.co.jp）にてお願いします．お受けできる質問は本書で紹介した内容に限らせていただきます．なお，電話での質問にはお答えできませんので，あらかじめご了承ください．
- 万一，落丁・乱丁の場合は，送料当社負担でお取替えいたします．当社販売課宛にお送りください．
- 本書の一部の複写複製を希望される場合は，本書扉裏を参照してください．

JCOPY ＜（社）出版者著作権管理機構　委託出版物＞

ゼロから学ぶ土木の基本
景観とデザイン

平成 27 年 3 月 25 日　　第 1 版第 1 刷発行

監　修　者　内　山　久　雄
著　　　者　佐　々　木　葉
発　行　者　村　上　和　夫
発　行　所　株式会社　オ　ー　ム　社
　　　　　　郵便番号　101-8460
　　　　　　東京都千代田区神田錦町3-1
　　　　　　電話　03(3233)0641(代表)
　　　　　　URL　http://www.ohmsha.co.jp/

© 佐々木葉 2015

組版　タイプアンドたいぽ　印刷・製本　壮光舎印刷
ISBN978-4-274-21684-8　Printed in Japan

気がつく有はうまれない…ので処処してくだてい